MATHEMATIK

3. Klasse

Stefanie Gleixner-Weyrauch
Katja Kersten
Marion Lugauer
Monika Seidel

STARK

Bildnachweis
Umschlagbild: Katrin Merle
Farbige Innenillustrationen: Katrin Merle
Schwarz-Weiß-Illustrationen: Claudia Bichler
S. 7: Würfel: © kpepin – Fotolia.com
S. 10: Perlen: © Opitec-Hobbyfix, www.opitec.de
S. 14: Schlange, Kakadu und Storch: © Eric Isselée – Fotolia.com, Alligator: © Mammut Vision – Fotolia.com
S. 15: Eidechse: © Alle/Dreamstime.com, Schlange: © Eric Isselée – Fotolia.com
S. 20: Zauberstab und -hut: © arahan – Fotolia.com
S. 31: Buntstifte: © Dreamstime.com
S. 38: Radiowecker: © Rosmizan Abu Seman/Dreamstime.com; Wanduhr: © Bernd Heckendorn/Pixelio.de;
Armbanduhr: © FlikFlak International; Digitaluhr: © Casio Europe GmbH
S. 40: Stoppuhr analog: © Redaktion Stark Verlag; Stoppuhr digital: © Moth/Dreamstime.com
S. 42: Alex Bruda/Sxc.hu
S. 48: Roboter, Puppenhaus: © www.neckermann.de; Spielzeugautos: © Redaktion Stark Verlag
S. 50: Lineal, Meterstab, Maßband: © Redaktion Stark Verlag; Tacho: © www.pointbike.de;
Kilometerzähler: © www.optikerteam.de
S. 51: Maus: © Emilia Stasiak/Dreamstime.com; Ulmer Münster: © Paul-Georg Meister;
Schnur: © Redaktion Stark Verlag; Hund: © Manuela Michel/Pixelio.de
S. 53: Teddy, Schachtel, CD-Player, Stehsammler: © Redaktion Stark Verlag; Kinder-Brockhaus:
© Bibliographisches Institut & F.A.Brockhaus AG, 5. aktualisierte Auflage, Mannheim 2006;
Spielzeugauto: © DICKIE-TAMIYA GmbH & Co. KG; CD-Regal: © koziol »ideas for friends GmbH
S. 56: Kanarienvogel: © Ene/Dreamstime.com; Meerschweinchen: © Eric Isselee/Dreamstime.com;
Dackel: © macroart – Fotolia.com; Hase: © Stefan Andronache – Fotolia.com; Papagei: © dreamstime.com
S. 57: Gewichte: © Pasq/Fotolia.com; Waage: © Angelo Gilardelli/Dreamstime.com
S. 58: Redaktion Stark Verlag
S. 59: Lkw: © Kamski59/dreamstime.com; Flugzeug: © Lufthansa; ICE: © Gebr. Märklin & Cie. GmbH;
Auto: © IFCAR/Wikipedia.de, http://upload.wikimedia.org/wikipedia/commons/9/95/Volkwagen_Rabbit_5door.jpg,
Diese Datei wurde der public domain übergeben.
S. 60: © Kamensky/dreamstime.com
S. 61: Spiel: © Asmodee GmbH; T-Shirt, Tuch: © www.neckermann.de; Stifte, Kerze, Buch, Schokolade:
© Redaktion Stark Verlag; Bilderrahmen: © Habermaaß GmbH
S. 62: Schrank: © Habermaaß GmbH; Tafel: © Didier Kobi/dreamstime.com
S. 88: Maßband: Marion Augenstein

www.stark-verlag.de
1. Auflage 2017

Inhalt

Rechnen

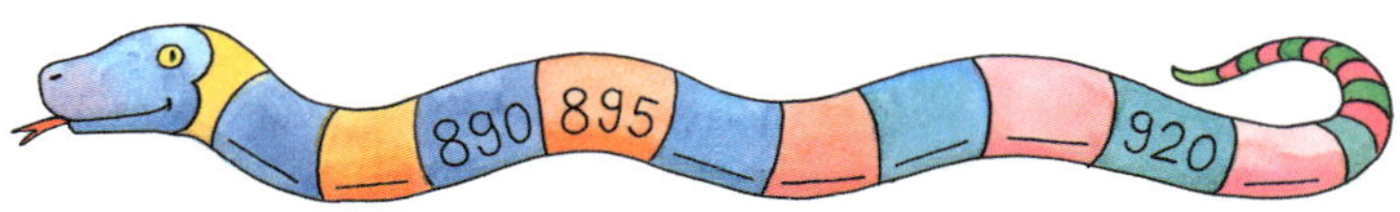

Rechnen mit Größen

Lernzielkontrollen

Autorinnen:
Stefanie Gleixner-Weyrauch, Marion Lugauer, Monika Seidel (Rechnen, Rechnen mit Größen); Katja Kersten (Lernzielkontrollen)

Vorwort

Liebe Eltern,

mit diesem Buch kann Ihr Kind den gesamten Stoff aus dem Mathematik-Unterricht der 3. Jahrgangsstufe üben und wiederholen.

Im ersten Teil „Rechnen“ geht es um den **Zahlenraum bis 1 000**. Ihr Kind übt das **Runden** von Zahlen, das **schriftliche Addieren und Subtrahieren** sowie **Malnehmen und Teilen**. Der zweite Teil „Rechnen mit Größen“ behandelt **Zeitmaße**, **Geld**, **Längen** und **Gewichte**. Im dritten Teil „Lernzielkontrollen“ bieten **Tests** Ihrem Kind die Möglichkeit zu überprüfen, wie sicher es im Mathe-Stoff ist.

Zu allen drei Teilen gibt es farbig hinterlegte **Tippseiten**, die Empfehlungen zum weiterführenden Üben liefern. Blaue **Infokästen** zeigen Rechenwege auf und **Tippzettel** helfen an kniffligen Stellen weiter. Mit **Knobelaufgaben** kann Ihr Kind sein mathematisches Denken schulen, und das herausnehmbare **Lösungsheft** enthält schülergerechte Lösungen zu allen Aufgaben.

Lassen Sie Ihr Kind möglichst selbstständig mit diesem Buch arbeiten. Dann macht Lernen Spaß!

Viel Erfolg wünschen
die Autorinnen

Rechnen – Tipps zum Üben

Der erste Teil des Sammelbands behandelt den Zahlenraum bis 1 000, das schriftliche Addieren und Subtrahieren, das Runden und alle Einmaleinsreihen. Zur Festigung dieser Grundlagen aus dem Bereich „Rechnen“ werden vielfältige Aufgaben angeboten. Zusätzlich können Sie mit Ihrem Kind spielerisch im Alltag üben.

Zahlenraum bis 1 000

- Anfangs fällt es vielen Kindern schwer, sich im Zahlenraum bis 1 000 zu orientieren. Deshalb sollten Sie gemeinsam überlegen, wo die Zahl im Alltag zu finden ist. Sie können z. B. testen, ob 1 000 Reiskörner für das Mittagessen reichen. Oder Ihr Kind schätzt, wie viele Seiten der Roman hat, den Mama gerade liest, und zählt dann nach.

Kopfrechnen und schriftliches Rechnen

- Kopfrechnen ist Gehirnjogging pur: Es trainiert das Arbeitsgedächtnis. Wer das Kopfrechnen beherrscht, kommt auch mit dem schriftlichen Rechnen besser klar. Nutzen Sie Kopfrechentrainer im Internet und rechnen Sie um die Wette.
- Spielen Sie mit Ihrem Kind Zahlenspiele wie z. B. Kniffel. Lassen Sie es seine Punktzahl berechnen und am Ende ermitteln, wer gewonnen hat.

Runden

- Nehmen Sie Ihr Kind mit in den Supermarkt und lassen Sie es schätzen, was der Einkauf ungefähr kosten wird, indem es die gerundeten Preise der Produkte addiert.
- Auf der Autobahn können Sie mit Ihrem Kind die Schilder mit der Angabe der Entfernungen zu den nächsten Städten lesen und es die Strecken runden lassen. Außerdem kann es den insgesamt zurückgelegten Weg überschlagen.

Malnehmen und Teilen

- Lassen Sie Ihr Kind beispielsweise berechnen, wie viele Joghurts Sie kaufen müssen, wenn jedes Familienmitglied fünf Stück bekommen soll. Und wie können 50 Gummibärchen gerecht aufgeteilt werden?
- Beim Backen kann Ihnen Ihr Kind dabei helfen, die im Rezept angegebenen Mengen der Zutaten zu reduzieren oder zu vergrößern. Wie viel Mehl braucht man für halb so viele Muffins? Und wie viel Milch für die dreifache Anzahl von Pfannkuchen?

MATHE
MATHE
1+2×3

Zahlen bis 1 000 darstellen, zählen und ordnen

1 Anna, Leon, ihre Freundinnen und ihre Freunde schlendern über den Flohmarkt. An einem Stand mit Bastelmaterial bleiben sie stehen. Sie möchten sich Freundschaftsarmbänder knüpfen. An dem Stand gibt es viele verschiedenfarbige Perlen.

Zu Hause schreiben sie auf, wie viele Perlen sie gekauft haben.
Die Zahlen schreiben die Kinder so:

□ = Hunderter | = Zehner ○ = Einer

Wie viele Perlen haben die Kinder gekauft?

Anna: □ □ | | | | | ○ ○ __________

Leon: □ □ □ | ○ ○ ○ ○ ○ __________

Adriano: □ □ □ □ □ | | ○ ○ ○ __________

Lea: □ □ □ □ | | | ○ ○ ○ ○ ○ ○ ○ ○ __________

Anton: □ □ □ □ □ □ ○ ○ ○ ○ __________

Jule: □ □ □ | | | | | | | __________

2 Anna, Leon und Adriano schreiben dieselbe Zahl verschieden auf:
Anna sagt: „Ich schreibe die Zahl Dreihundertzweiundvierzig so:

□□□||||○○“.

Leon sagt: „So geht es am schnellsten: 342.“
Adriano sagt: „Man könnte sie aber auch so schreiben: 3H 4Z 2E.“
Schreibe die Zahlen verschieden auf und ergänze die folgende Tabelle.

				H	Z	E
□□□□|○○○○○						
	7H 4Z 2E					
		607				
			fünfhundertdreizehn			
				8	5	0
	9H 6Z 1E					
			siebenhundertneun			
□□|||||○○○○○○○○						

3 In dieses Hunderterfeld gehören die Zahlen von 301 bis 400.

a Wie heißen die grün markierten Zahlen? Schreibe sie richtig in die Kästen.

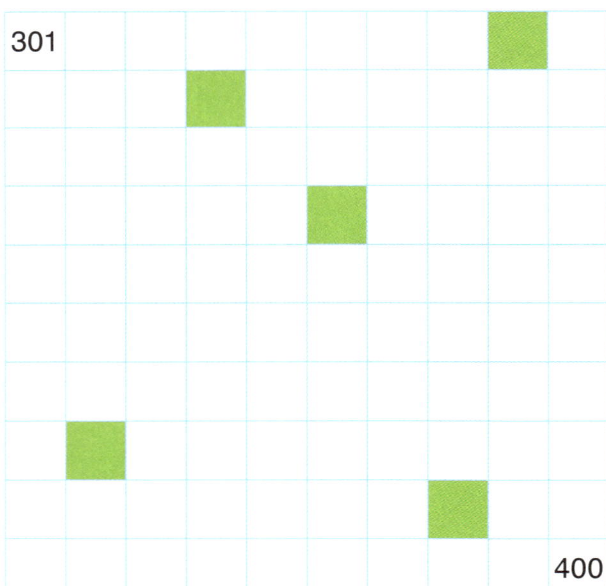

b Zeichne folgende Perlen in die richtigen Felder:
rote Perle bei 363, blaue Perle bei 341, grüne Perle bei 395,
gelbe Perle bei 307, lila Perle bei 366, orange Perle bei 380

4 Ordne jedem Buchstaben die richtige Zahl zu.
Achte dabei auf die Einteilung des Zahlenstrahls!

Durch die vorgegebenen Zahlen erkennst du die Einteilung des **Zahlenstrahls**.

Beispiel:
Sind zwischen 600 und 700 zehn Striche, steht jeder Strich für einen Zehner.
Hier kannst du nur glatte Zehnerzahlen genau angeben.
Sind die zehn Striche zwischen 600 und 610, handelt es sich um eine Einteilung in Einerschritte.

a
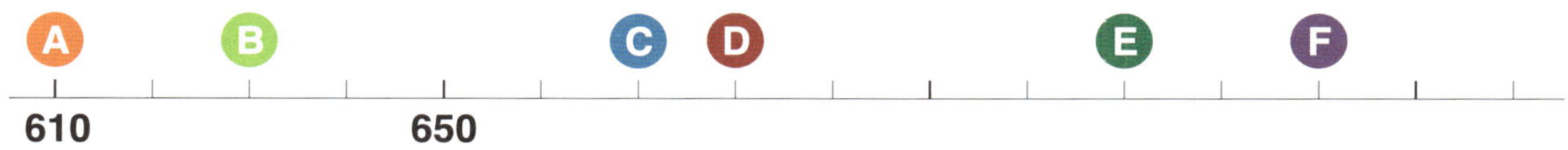

A: ______ B: ______ C: ______ D: ______ E: ______ F: ______

b
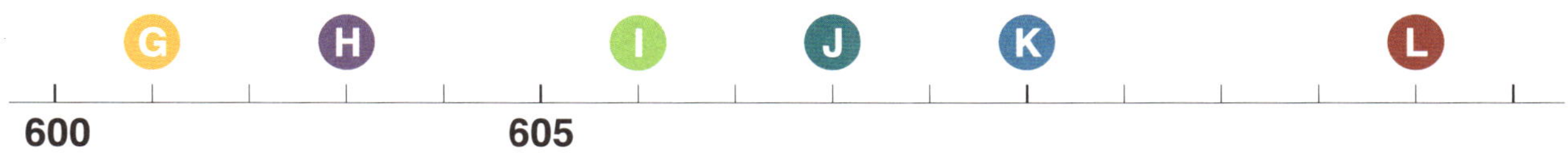

G: ______ H: ______ I: ______ J: ______ K: ______ L: ______

c
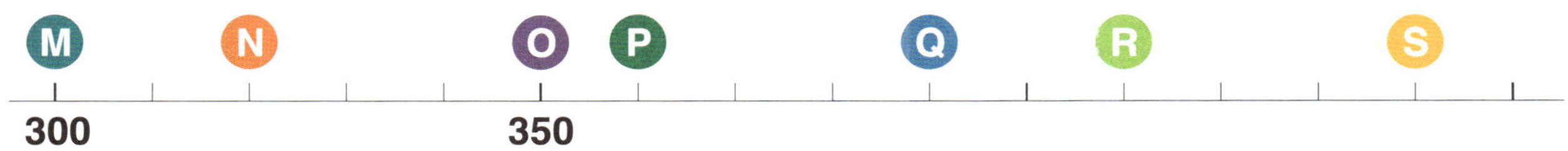

M: ______ N: ______ O: ______ P: ______ Q: ______ R: ______ S: ______

d

T: ______ U: ______ V: ______ W: ______ X: ______ Y: ______ Z: ______

5 Ergänze die fehlenden Zahlen in der Rechenschlange.

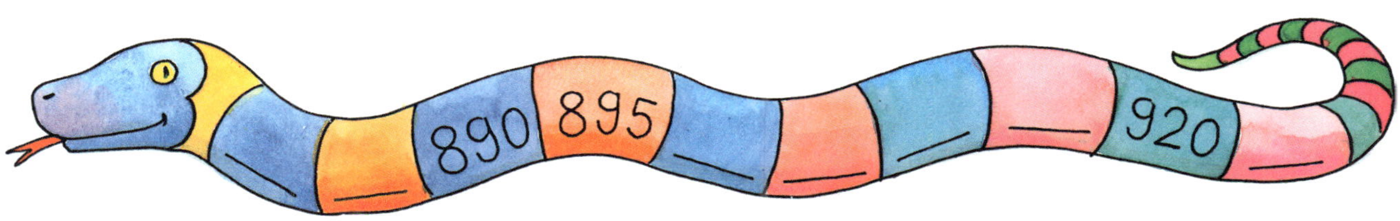

6 Vergleiche die Zahlen und setze richtig ein: <, >, =

Mit dem **Größerzeichen** (>), dem **Kleinerzeichen** (<) und dem **Istgleichzeichen** (=) kannst du Zahlen oder Rechenausdrücke vergleichen.

Beispiel:

5 < 7	5 > 3	5 = 5
5 ist **kleiner als** 7.	5 ist **größer als** 3.	5 ist **gleich** 5.

371 ◯ 486   507 ◯ 570   261 ◯ 162   498 ◯ 948

3H 6Z 4E ◯ 6Z 4E 3H   3Z 7E ◯ 3H 7Z

3E 2H 9Z ◯ 9E 2H   3H 4E 8Z ◯ 3H 4Z 8E

> **Tipp!**
> Schau zuerst auf den Hunderter.
> Wenn dieser bei beiden Zahlen gleich ist, vergleiche die Zehner, dann die Einer.

7 Nachbarn gesucht!

a Finde zu folgenden Zahlen die Einernachbarn.

______ 307 ______   ______ 499 ______   ______ 280 ______

______ 446 ______   ______ 800 ______   ______ 209 ______

b Finde zu folgenden Zahlen die Zehnernachbarn.

Ein **Zehnernachbar** ist immer eine glatte Zehnerzahl, ein **Hunderternachbar** ist immer eine glatte Hunderterzahl.

Beispiel:
521
Zehnernachbarn: 520 und 530
Hunderternachbarn: 500 und 600

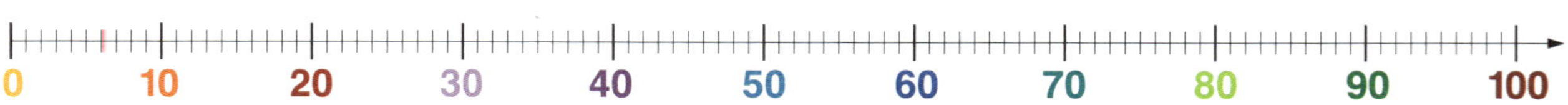

______ 332 ______   ______ 581 ______   ______ 637 ______

______ 496 ______   ______ 370 ______   ______ 209 ______

c Finde zu folgenden Zahlen die Hunderternachbarn.

______ 572 ______   ______ 238 ______   ______ 699 ______

______ 407 ______   ______ 93 ______   ______ 700 ______

8 Anna und Leon spielen „Hausnummern würfeln“. Bei diesem Spiel gewinnt derjenige, der die höchste Zahl erwürfelt.

a Anna würfelt eine 3, eine 2 und eine 8.
Welche Zahlen kann sie mit diesen Ziffern bilden?
Ordne die Zahlen der Größe nach und trage die größte in Annas Kästchen ein.

____

H	Z	E

b Leon würfelt eine 4, eine 0 und eine 9.
Verfahre ebenso wie bei Anna.

____

H	Z	E

c Wer hat also gewonnen? _______________

9 Adriano, Jule und Anton spielen nun auch mit. Kannst du herausfinden, welche Zahlen sie gewürfelt haben?

a Adriano: „Meine Zahl hat drei Einer, doppelt so viele Zehner und dreimal so viele Hunderter.“

Seine Zahl heißt: _______________

b Jule: „Meine Zahl besteht aus den Ziffern 1, 5, 8. Sie ist größer als 800, aber kleiner als 850.“

Ihre Zahl heißt: _______________

c Anton: „Meine Zahl ist die größte dreistellige Zahl mit unterschiedlichen Ziffern.“

Seine Zahl heißt: _______________

d Wer hätte mit seinen Ziffern welche größere Zahl bilden können? _______________

10 Setze die Reihen fort.

a 250, 260, 270, ________, ________, ________, ________, ________

b 500, 550, 600, ________, ________, ________, ________, ________

c 130, 160, 190, ________, ________, ________, ________, ________

d 780, 760, 740, ________, ________, ________, ________, ________

e 1 000, 940, 880, ________, ________, ________, ________, ________

Halbschriftlich rechnen

11 Am Abend zählen die Kinder die Perlen, die sie noch nicht für ihre Freundschaftsbänder verbraucht haben. Leon: „Ich habe noch 213 Perlen und Anna hat noch 129 Perlen." Adriano: „Wie viele Perlen sind das denn zusammen?"

Schwierigere Plusaufgaben kannst du zerlegen, um sie einfacher zu rechnen. Es gibt mehrere Möglichkeiten, wie du die Aufgabe zerlegen kannst.

Beispiel:
213 + 129

1. Möglichkeit:
   Du zählst zuerst die **Hunderter** beider Zahlen, dann die **Zehner** beider Zahlen und zum Schluss die **Einer** zusammen. Die einzelnen Ergebnisse addierst (+) du.

   200 + **100** = 300
   10 + **20** = 30
   3 + **9** = 12
   342

2. Möglichkeit:
   Du addierst zur 1. Zahl erst die **Einer** der 2. Zahl, dann die **Zehner** und zum Schluss die **Hunderter**.

   213 + **9** = 222
   222 + **20** = 242
   242 + **100** = 342

3. Möglichkeit:
   Du addierst zur 1. Zahl die **Hunderter** der 2. Zahl. Die Zehner und Einer ergänzt du zum nächsten **vollen Zehner**. Dann musst du das, was du **zu viel** addiert hast, wieder abziehen.

   213 + **100** = 313
   313 + **30** = 343
   343 – **1** = 342

Rechne mit einem Weg. Überprüfe das Ergebnis auf einem Nebenblatt mit einem anderen Rechenweg.

485 + 271 =

608 + 375 =

268 + 571 =

362 + 490 =

511 + 293 =

107 + 668 =

12 Auch beim Subtrahieren (–) gibt es verschiedene Möglichkeiten.

Auch beim Abziehen kannst du die Aufgaben zerlegen, um sie einfacher zu rechnen. Es gibt wieder mehrere Möglichkeiten, wie du die Aufgaben zerlegen kannst.

Beispiel:
345 – 128

1. Möglichkeit:
   Du ziehst von der 1. Zahl die **Einer** der 2. Zahl ab. — 345 – **8** = 337
   Vom Ergebnis ziehst du die **Zehner** der 2. Zahl ab — 337 – **20** = 317
   und wieder vom Ergebnis die **Hunderter**. — 317 – **100** = 217

2. Möglichkeit:
   Du ziehst von der 1. Zahl die **Hunderter** der 2. Zahl ab. — 345 – **100** = 245
   Die Zehner und Einer der 2. Zahl ergänzt du auf den nächsten **vollen Zehner** und ziehst ihn ab. — 245 – **30** = 215
   Dann addierst du zum Ergebnis das, was du zuvor **zu viel** abgezogen hast. — 215 + **2** = 217

Rechne nun selbst. Kontrolliere dein Ergebnis auf einem Nebenblatt durch den zweiten Lösungsweg.

651 – 218 =	529 – 264 =
845 – 379 =	720 – 432 =
609 – 385 =	914 – 506 =
423 – 172 =	894 – 638 =
764 – 351 =	630 – 357 =

Ergänzen auf 1 000

Adriano überlegt am Abend: „Ich habe 523 Perlen gekauft und Leon 315 Perlen. Das sind zusammen doch sicher fast 1 000 Perlen.“
Die Kinder rechnen nach: 523 + 315 = 838
Leon ruft schnell: „Da fehlen noch 162 Perlen bis 1 000.“
Die anderen sind verblüfft: „Wie konntest du das denn so schnell ausrechnen?“
„Ist doch ganz leicht!“, antwortet Leon.

Beim **Ergänzen** gehst du schrittweise vor.

Beispiel:
Ergänze 838 auf 1 000.

Ergänze zuerst auf den nächsten Zehner.	838 + 2 = 840
Rechne von dort aus zum nächsten Hunderter.	840 + 60 = 900
Ergänze von dort aus auf 1 000.	900 + 100 = 1 000

13 Rechne nun selbst. Ergänze zuerst schrittweise.

364 + ______ + ______ + ______ = 1 000, also 364 + __________ = 1 000

328 + ______ + ______ + ______ = 1 000, also 328 + __________ = 1 000

432 + ______ + ______ + ______ = 1 000, also 432 + __________ = 1 000

725 + ______ + ______ + ______ = 1 000, also 725 + __________ = 1 000

247 + ______ + ______ + ______ = 1 000, also 247 + __________ = 1 000

602 + ______ + ______ + ______ = 1 000, also 602 + __________ = 1 000

14 Jetzt kannst du die Zwischenschritte sicher schon im Kopf rechnen.

637 + ________ = 1 000	107 + ________ = 1 000
328 + ________ = 1 000	583 + ________ = 1 000
464 + ________ = 1 000	759 + ________ = 1 000
560 + ________ = 1 000	921 + ________ = 1 000
802 + ________ = 1 000	83 + ________ = 1 000
419 + ________ = 1 000	368 + ________ = 1 000

Runden von Zahlen

Anna kauft auf dem Flohmarkt Perlen für neue Armbänder. Sie fragt den Verkäufer, wie viele Perlen sie für drei Armbänder braucht. „Du brauchst pro Armband ungefähr 250 Perlen“, antwortet der Verkäufer.

Nicht immer ist es notwendig, die genaue Anzahl zu kennen. Mit gerundeten Zahlen kannst du eine Überschlagsrechnung bilden und das Ergebnis abschätzen.

Bei den Ziffern 0, 1, 2, 3 und 4 wird **abgerundet**, bei den Ziffern 5, 6, 7, 8, und 9 wird **aufgerundet**.
Mit dem Zeichen „~“ zeigst du an, dass die Zahl „ungefähr“ so groß ist.
Willst du auf Zehner runden, entscheidet die Einerstelle, ob auf- oder abgerundet wird.
Willst du auf Hunderter runden, entscheidet die Zehnerstelle.

Beispiele:

114 gerundet auf Zehner: 114 ~ 110
114 gerundet auf Hunderter: 114 ~ 100

187 gerundet auf Zehner: 187 ~ 190
187 gerundet auf Hunderter: 187 ~ 200

15 Runde auf Zehner. Achte dabei auf die Einer.

175 ~ ________	347 ~ ________	371 ~ ________	906 ~ ________
555 ~ ________	739 ~ ________	603 ~ ________	609 ~ ________
327 ~ ________	658 ~ ________	832 ~ ________	574 ~ ________
959 ~ ________	441 ~ ________	266 ~ ________	498 ~ ________

16 Runde auf Hunderter. Achte dabei auf die Zehner.

948 ~ ______	347 ~ ______	371 ~ ______	684 ~ ______
555 ~ ______	739 ~ ______	603 ~ ______	906 ~ ______
283 ~ ______	475 ~ ______	839 ~ ______	750 ~ ______
541 ~ ______	163 ~ ______	252 ~ ______	498 ~ ______

17 Entscheide, ob Anna richtig gerundet hat.
Streiche die falschen Aufgaben durch und verbessere sie.

a Hier wurde auf Zehner gerundet.

472 ~ 470	739 ~ 730	603 ~ 613	906 ~ 900
______	______	______	______
788 ~ 790	384 ~ 380	266 ~ 260	568 ~ 570
______	______	______	______

b Hier wurde auf Hunderter gerundet.

551 ~ 500	699 ~ 700	216 ~ 200	401 ~ 400
______	______	______	______
382 ~ 400	249 ~ 300	738 ~ 700	769 ~ 700
______	______	______	______

18 Welche Zahlen könnten gerundet worden sein?

a Hier wurde auf Zehner gerundet.

Beispiel:
~ 250 können die Zahlen 245 bis 254 sein.

~ 670 können die Zahlen ______ bis ______ sein.

~ 120 können die Zahlen ______ bis ______ sein.

b Hier wurde auf Hunderter gerundet.

~ 700 können die Zahlen ______ bis ______ sein.

~ 200 können die Zahlen ______ bis ______ sein.

Schriftlich addieren (+) ohne Übertrag

19 Leon war in den großen Ferien mit seinem Vater in Australien. Zwei Tage lang waren sie im Kakadu-Nationalpark unterwegs und haben viele wilde Tiere gesehen. Ein Wächter erzählte ihnen, dass er den Park in zwei Hälften geteilt hat, damit er die riesige Fläche besser überblicken und die Kängurus leichter zählen kann.

a Wie viele Kängurus hat der Wächter in der einen Hälfte gezählt?

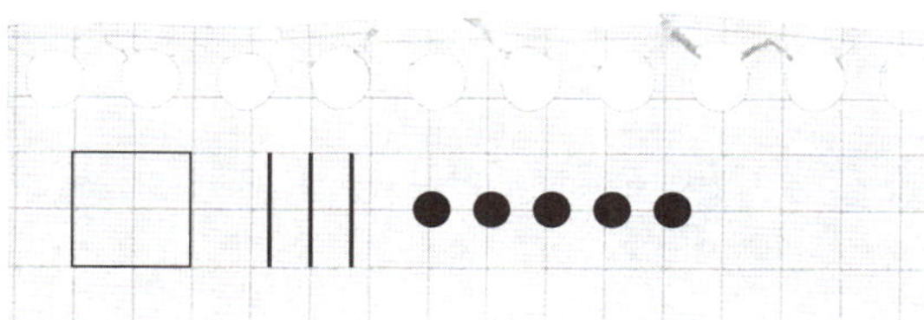

In der einen Hälfte sind

________________ Kängurus.

b Wie viele Kängurus hat der Wächter in der anderen Hälfte gezählt?

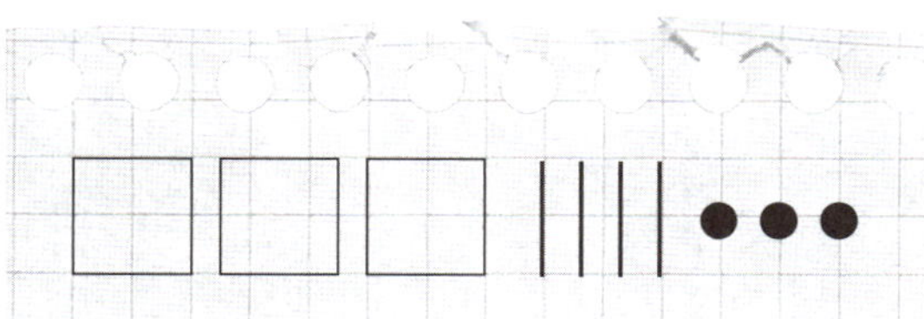

In der anderen Hälfte sind

________________ Kängurus.

c Leon zählt nun beide Angaben zusammen.

Zeichne und übertrage dann die Zahlen in das Stellenwerthaus.

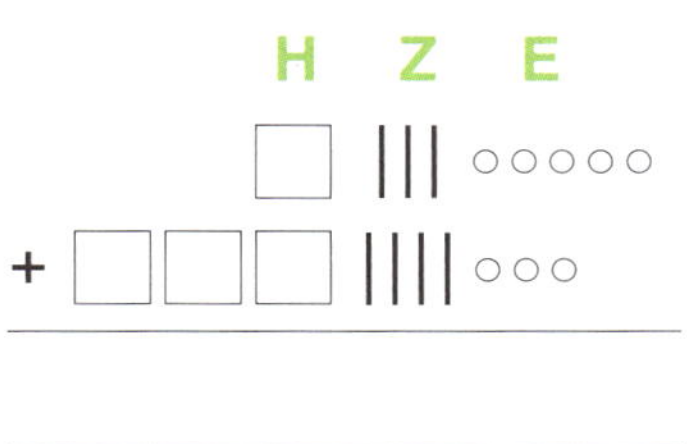

	H	Z	E
+			

Tipp!
Beginne immer bei den Einern!

So rechnest du schriftlich.

Beispiel:
161 + 17 schreibe so:

	H	Z	E
	1	6	1
+		1	7

Zähle die untereinanderstehenden Ziffern zusammen und schreibe das Ergebnis in die Ergebniszeile.

Beginne immer mit den **Einern**. **1E + 7E = 8E**
Nun rechne mit den **Zehnern**. **6Z + 1Z = 7Z**
Nun rechne mit den **Hundertern**. **1H + 0H = 1H**

So sieht die Rechnung dann auf deinem Blatt aus:

	H	Z	E
	1	**6**	**1**
+		**1**	**7**
	1	**7**	**8**

20 Hilf dem Wächter beim Zählen der anderen Tiere und rechne aus.

	H	Z	E
	2	1	1
+	5	3	8

	H	Z	E
	3	2	4
+	4	7	0

	H	Z	E
	5	7	1
+	4	1	7

	H	Z	E
	4	2	6
+	2	0	1

21 Schreibe untereinander und rechne schriftlich.

436 + 41 257 + 312 511 + 82 321 + 438

Schriftlich addieren (+) mit Übertrag

22 Wie viele Eidechsen haben Leon und sein Vater an den beiden Tagen gezählt?

Trage die Anzahl in Ziffern in das Stellenwerthaus rechts ein.
Nun zeichne die Gesamtzahl der Eidechsen in das linke Stellenwerthaus und rechne dann schriftlich im Stellenwerthaus rechts.

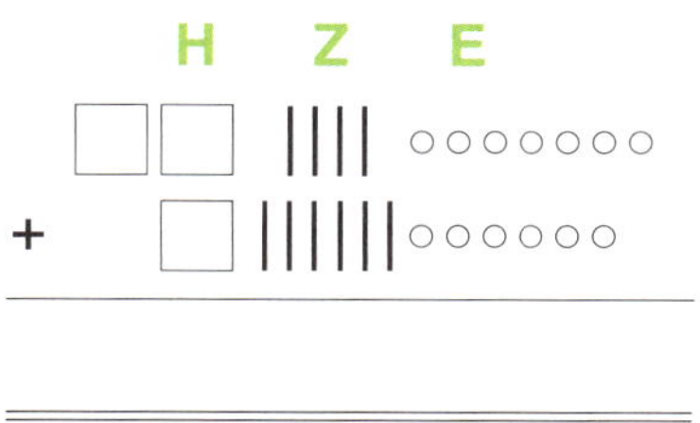

	H	Z	E
+			

So rechnest du schriftlich.

Beispiel:

266 + 47 schreibe so:

	H	Z	E
	2	6	6
+		4	7

Beginne immer mit den **Einern**. — **6 E** + **7 E** = **13 E**; **3 E** an

Wechsle **10 Einer** in **1 Zehner** um und notiere die Gemerktzahl bei den Zehnern. — **1 Z** gemerkt

Nun rechne mit den **Zehnern**. — **6 Z** + **4 Z** + **1** gemerkter **Z** = **11 Z**; **1 Z** an

Wechsle **10 Zehner** in **1 Hunderter** um und notiere die Gemerktzahl bei den Hundertern. — **1 H** gemerkt

Nun rechne mit den **Hundertern**. — **2 H** + **1** gemerkter **H** = **3 H**; **3 H** an

So sieht die Rechnung dann auf deinem Blatt aus:

	H	Z	E
	2	6	6
+	1	4 1	7
	3	1	3

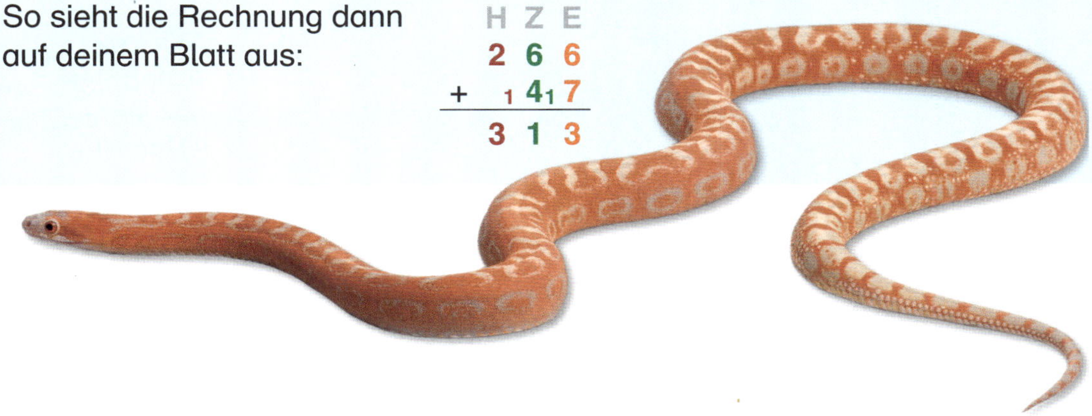

23 Bist du schon ein „Gemerkt-Profi“? Rechne diese Aufgaben.

H	Z	E
3	4	2
+ 1	4	9

H	Z	E
2	6	7
+ 4	2	8

H	Z	E
3	7	9
+ 5	1	7

H	Z	E
1	9	9
+ 3	8	7

24 Kannst du diese Rechnungen für Leon lösen?

```
  2 1 4        4 5 3
  3 1 7        1 4 6
+ 1 2 2      + 2 1 4
-------      -------

=======      =======

  1 8 9        6 5 3
  2 1 9        1 0 2
+ 1 3 2      + 2 3 3
-------      -------

=======      =======
```

Tipp!
Vergiss nicht, dir die „Gemerkt-Zahl“ zu notieren!

25 Aus Fehlern kannst du lernen. Erkläre den Fehler und rechne richtig.

a

```
  3 5 7
+ 2 3
-------
  5 8 7
```

b

```
  7 5 0
+ 1 9 2
-------
  8 4 2
```

c

```
  4 1 9
  1 2 4
+ 2 3 ₁9
-------
  7 7 2
```

a ______________________________

b ______________________________

c ______________________________

26 Rechne die Aufgaben schriftlich aus.

216 + 75 372 + 108 599 + 32

173 + 76 + 209 338 + 13 + 118 98 + 145 + 439

Tipp!
Wichtig: Schreibe ordentlich E unter E, Z unter Z und H unter H!

27 Löse die Aufgaben und entdecke, wer sich im Busch versteckt. Male die Felder mit den Lösungszahlen im Bild farbig aus.

327 + 450	509 + 49	267 + 712	399 + 601
216 + 632	568 + 420	369 + 615	448 + 309
208 + 598	270 + 239	419 + 399	814 + 98
281 + 109	530 + 259	217 + 485	438 + 210

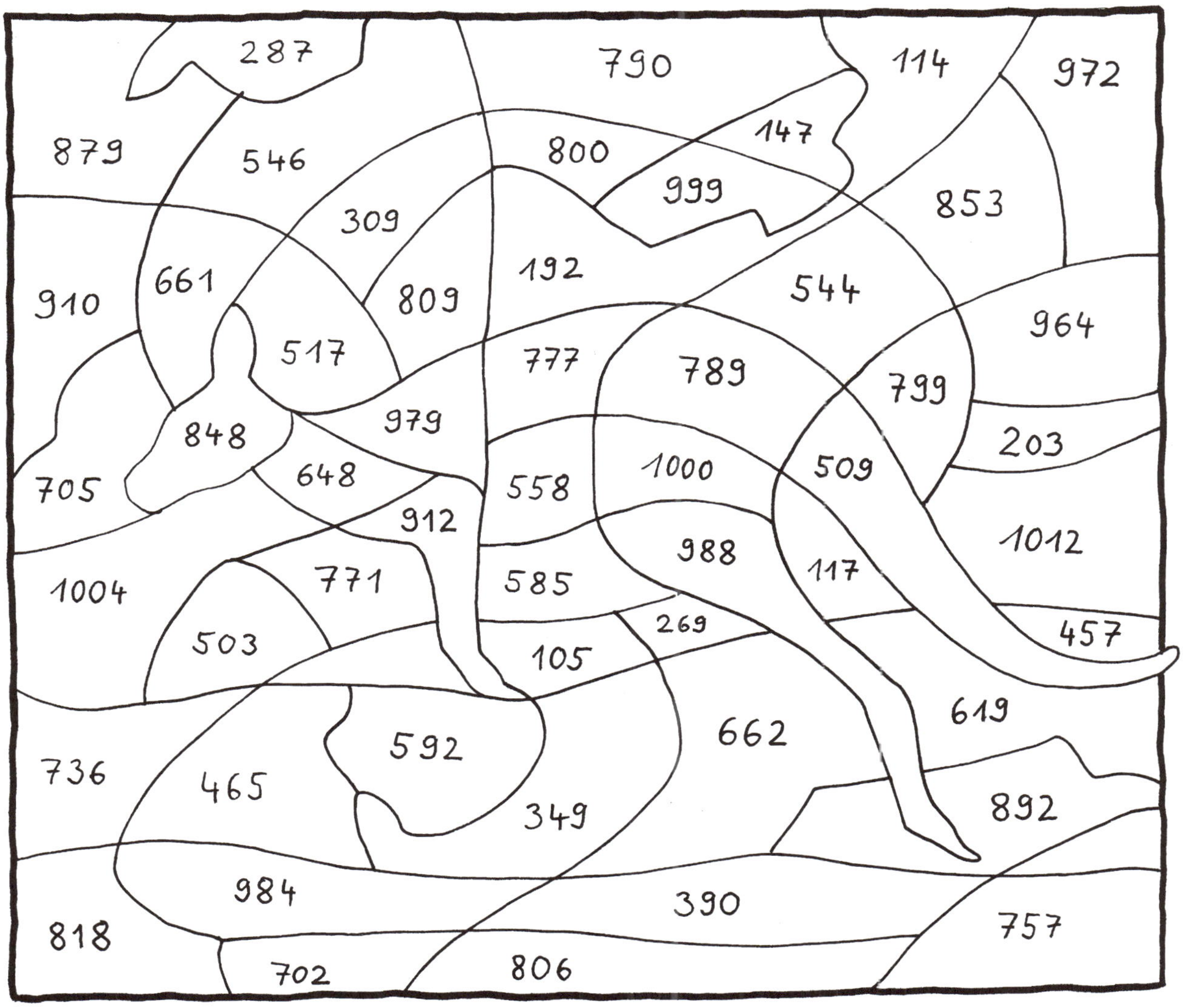

Knobelaufgaben

28 Löse die Zahlenrätsel.

a Eine Zahl heißt 32. Die gesuchte Zahl ist um 97 größer.

Die Zahl heißt: ______

b Meine Zahl erhalte ich, wenn ich zu 512 das Doppelte von 8 dazuzähle.

Die Zahl heißt: ______

29 Hier sind einige Ziffern verschwunden. Setze sie richtig ein.

6 2 4	5 2 ___	___ 4 5	___ 5 ___
+ 1 ___ 2	+ ___ 4 8	+ 1 6 ___	+ 3 4 7
___ 6 ___	9 ___ 9	9 ___ 7	8 ___ 9

30 Anna hat 105 Murmeln in den Farben Rot, Grün und Blau. Sie hat doppelt so viele grüne wie blaue Murmeln und doppelt so viele rote wie grüne Murmeln.

Wie viele Murmeln hat sie von jeder Farbe?

Tipp! Rechne zunächst mit einer beliebigen Anzahl blauer Murmeln. Probiere aus, ob die Aufgabe damit stimmt. Wenn nicht, probiere eine andere Zahl.

Sie hat ______ blaue, ______ grüne und ______ rote Murmeln.

Schriftlich subtrahieren (–) ohne Übertrag

Anna war in den Ferien mit ihren Eltern in London. Dort haben sie eine wunderbare, große Bücherei besucht. Da Anna besonders gern Bücher über Zauberer liest, hat sie auch dort welche gesucht.

Mrs. Bookworm, die Bibliothekarin, teilte ihr mit, dass von 563 Büchern über Zauberer und Hexen im Moment 231 Bücher ausgeliehen sind.
Mrs. Bookworm rechnet 563 – 231 =
Anna kennt eine schnellere Methode: das schriftliche Abziehen.

Beim **schriftlichen Abziehen** rechnest du immer von oben nach unten.

Beispiel:
563 – 231 schreibe so:

	H	Z	E
	5	6	3
–	2	3	1

Zuerst ziehst du die **E** der 2. Zahl von den **E** der 1. Zahl ab: **3E – 1E = 2E**
Dann ziehst du die **Z** der 2. Zahl von den **Z** der 1. Zahl ab: **6Z – 3Z = 3Z**
Zum Schluss ziehst du die **H** der 2. Zahl von den **H** der 1. Zahl ab: **5H – 2H = 3H**

So sieht die Rechnung dann auf deinem Blatt aus:

	H	Z	E
	5	6	3
–	2	3	1
	3	3	2

Anna hat ausgerechnet, dass noch 332 Bücher über Zauberer und Hexen in der Bücherei sind.

31 Schriftlich Abziehen ist keine Zauberei, das schaffst du auch!

a Rechne die Aufgaben und streiche die richtigen Ergebnisse rechts durch.

	H	Z	E
	7	5	7
−	5	4	2

	H	Z	E
	8	6	2
−	7	2	1

	H	Z	E
	7	9	4
−	4	7	0

	H	Z	E
	5	3	6
−	3	0	5

	H	Z	E
	6	4	9
−	5	2	5

	H	Z	E
	9	2	5
−	6	1	4

	H	Z	E
	4	5	1
−	2	3	0

	H	Z	E
	3	8	7
−	1	6	4

b Jetzt bist du schon sicherer und kannst auch ohne Stellenwerthaus rechnen.

648 − 425	507 − 204	784 − 571	689 − 253	497 − 171
569 − 315	976 − 625	483 − 161	829 − 406	548 − 223
351 − 210	829 − 416	531 − 121	798 − 473	508 − 103

Schriftlich subtrahieren (–) mit Übertrag

Am Abend stellt Mrs. Bookworm fest: „Insgesamt sind jetzt von unseren 942 Kinderbüchern 327 Bücher ausgeliehen.“ Sie rechnet wie Anna.

H	Z	E
9	4	2
– 3	2	7

Aber sie stellt fest: 2 E – 7 E kann man nicht rechnen!

Anna zeigt ihr, wie es geht.

Auch beim schriftlichen Abziehen mit Übertrag rechnest du immer von oben nach unten.

Beispiel:
942 – 327

2 – 7 kannst du nicht rechnen. Also entbündelst du **1 Z**.
In der Rechnung notierst du dir den **entbündelten Z**.
Jetzt rechnest du 12 – 7 = 5. Dann rechnest du 4 – 1 – 2 = 1.
Den Rest kannst du wie gewohnt rechnen.

H	Z	E
9	4ı	2
– 3	2	7
6	1	5

Bei manchen Aufgaben musst du auch **1 H** entbündeln.

H	Z	E
6ı	3ı	2
– 3	7	5
2	5	7

32 Das kannst du jetzt auch! Rechne die folgenden Aufgaben.

H	Z	E
5	6	3
– 3	4	6

H	Z	E
7	2	6
– 2	6	1

H	Z	E
8	5	2
– 3	4	4

H	Z	E
9	7	1
– 7	4	5

H	Z	E
4	3	2
–	5	9

H	Z	E
3	3	7
– 1	8	1

Tipp!
Denke daran, immer aufzuschreiben, wenn du Zehner in Einer oder Hunderter in Zehner gewechselt hast.

33 Schreibe die Zahlen untereinander und rechne.

615 – 362 | 732 – 84 | 846 – 598 | 942 – 747

34 Als Hilfestellung kannst du beim Rechnen mitsprechen.

```
  H Z E
  6 0 3
– 2 5 8
  3 4 5
```

Sprich am besten so:
3 minus 8 geht nicht, **eins entbündeln**.
13 minus 8 gleich 5, 5 an.
0 minus 1 minus 5 geht nicht, **eins entbündeln**.
10 minus 1 minus 5 gleich 4, 4 an.
6 minus 1 minus 2 gleich 3, 3 an.

Rechne ebenso:

```
  H Z E
  8 0 0
– 5 7 2
```

___ E – ___ E geht nicht! Ich muss ______________.
Dann rechne ich ___ minus ___ gleich ___, ___ an.
___ minus ___ minus ___ geht nicht, ______________.
___ minus ___ minus ___ gleich ___, ___ an.
___ minus ___ minus ___ gleich ___, ___ an.

35 Rechne ohne Stellenwerthaus.

689 – 593	386 – 158	704 – 486	957 – 689	742 – 386
602 – 374	780 – 596	824 – 557	567 – 198	312 – 191

36 Aus Fehlern kannst du lernen!

a Finde die Aufgaben, die falsch gerechnet sind, und berichtige die Fehler.

501	714	600	813	957
− 264	− 367	− 471	− 69	− 492
237	453	129	123	465
793	905	591	645	807
− 567	− 257	− 253	− 298	− 209
236	648	348	347	608

b Kannst du erklären, wie die Fehler entstanden sind?
Schreibe die Erklärungen auf ein Nebenblatt.

37 Finde die Zauberzahlen.

a „Meine Zauberzahl erhältst du, wenn du von der Zahl 629 die Zahl 487 abziehst.“

Die Zauberzahl heißt: ____________________

b „Für meine Zauberzahl musst du von der Zahl 769 zuerst 493 abziehen und danach 147 abziehen.“

Die Zauberzahl heißt: ____________________

38 Robert fragt seinen Freund: „Wie viele Seiten hast du noch zu lesen?“
Sein Freund antwortet: „Mein Buch hat 563 Seiten. 231 Seiten habe ich schon gelesen.“

Antwort: ____

Knobelaufgaben

39 Robert behauptet: „Von meinem Buch, das 368 Seiten umfasst, habe ich schon 175 Seiten gelesen. Wenn ich heute und morgen jeweils 40 Seiten lese, habe ich noch weniger als 100 Seiten zum Lesen."

Stimmt das? Löse mithilfe des Diagramms.

gelesene Seiten		lesen heute		lesen morgen	=	gesamt gelesen
Buchseiten gesamt		gelesene Seiten	=	übrige Seiten		
175		40			=	
			=			

Antwort: ____

40 Ergänze die fehlenden Zahlen und Rechenzeichen so, dass die Rechnungen in den Rechenquadraten stimmen.

40	+		=	
+		−		+
16	−		=	12
=		=		=
	+	23	=	

	−		=	39
−		+		−
12	+		=	
=		=		=
32			=	18

41 Gleiches Zeichen bedeutet gleiche Zahl.
Vervollständige die Aufgaben.

70 + ◆ = 150

20 + ✻ + ◆ = 140

◆ = ________ ✻ = ________

Das Einmaleins – Verdoppeln, Kernaufgaben und Nachbaraufgaben

Lea war in den Ferien bei Freunden ihrer Eltern in Holland, dem Land mit den vielen Windmühlen. Die Freunde haben dort eine große Gärtnerei und verkaufen Blumen in die ganze Welt.
Die verschiedenen Blumenzwiebeln verkaufen sie in mehreren Packungsgrößen: mit 1 Stück, mit 2 Stück, mit 5 Stück oder mit 10 Stück.

Kernaufgaben sind die Aufgaben der Einser-, Zweier-, Fünfer- und Zehnerreihe. Du kannst sie ganz einfach berechnen.

Bei der **Zweierreihe** verdoppelst du jeweils die Zahl.
Das Doppelte einer Zahl ist die Zahl plus die Zahl selbst.
Beispiel:
2 · **4** = **4 + 4** = 8

Bei der **Zehnerreihe** hängst du an eine Zahl einfach eine Null an.
Beispiel:
10 · 4 = **40**

Für die **Fünferreihe** halbierst du die Zehnerreihe.
Beispiel:
10 · **4** = 40   40 **: 2** = 20   5 · 4 = 20

1 · 2 = 2 → **verdoppeln** → 2 · 2 = 4   5 · 2 = 10 ← **halbieren** ← 10 · 2 = 20

1 · 3 = 3 → **verdoppeln** → 2 · 3 = 6   5 · 3 = 15 ← **halbieren** ← 10 · 3 = 30

42 Berechne, wie viele Blumenzwiebeln die Freunde jeweils einpacken müssen.

1 · 4 = 4	2 · 4 = ___	5 · 4 = 20	10 · 4 = ___
1 · 5 = 5	2 · 5 = ___	5 · 5 = ___	10 · 5 = ___
1 · 6 = ___	2 · 6 = ___	5 · 6 = ___	10 · 6 = ___
1 · 7 = ___	2 · 7 = ___	5 · 7 = ___	10 · 7 = ___
1 · 8 = ___	2 · 8 = ___	5 · 8 = ___	10 · 8 = ___
1 · 9 = 9	___	___	___
1 · 10 = 10	___	___	___

43 Berechne mithilfe der Nachbaraufgaben.

Wenn du die Kernaufgaben kennst, kannst du durch Plus- und Minusrechnen die vorhergehenden und nachfolgenden **Nachbaraufgaben** schnell herausbekommen.

Beispiel:

Nachbar-aufgaben				8 · 3 = **27** – 3 = 24 ↑
			4 · 3 = **15** – 3 = **12** ↑	9 · 3 = **30** – 3 = **27** ↑
Kern-aufgabe	1 · 3 = 3 →	2 · 3 = **6**	5 · 3 = **15**	10 · 3 = **30**
		↓	↓	
Nachbar-aufgaben		3 · 3 = **6** + 3 = **9**	6 · 3 = **15** + 3 = **18** ↓ 7 · 3 = **18** + 3 = 21	

a	1 · 4 = 4	2 · 4 = ___	3 · 4 = 12	4 · 4 = ___
b	3 · 5 = 15	4 · 5 = ___	5 · 5 = ___	6 · 5 = ___
c	1 · 10 = 10	___	___	___
d	5 · 7 = ___	___	___	___
e	___	4 · 6 = ___	___	___
f	___	___	3 · 2 = ___	___
g	___	6 · 3 = ___	___	___
h	5 · 8 = ___	___	___	___
i	___	___	___	8 · 2 = ___
j	___	7 · 1 = ___	___	___

Das Einmaleins – Tauschaufgaben und Umkehraufgaben

44 Finde die Tausch- und Umkehraufgaben.

Zu jeder Einmaleinsaufgabe gibt es eine **Umkehraufgabe** und eine **Tauschaufgabe**.

Bei der **Umkehraufgabe** kannst du dein Ergebnis kontrollieren, indem du die umgekehrte Rechenoperation ausführst.
Mit der **Tauschaufgabe** vertauschst du die beiden Zahlen, die malgenommen oder addiert werden. Das Ergebnis bleibt gleich.

Beispiel:		Tauschaufgabe
	3 · 8 = 24	**8 · 3 = 24**
Umkehraufgabe	**24 : 8 = 3**	**24 : 3 = 8**

			Umkehraufgabe	
	2 · 5 = 10	→	10 : *5* = ______	
Tauschaufgabe	*5 · 2 = 10*	→	10 : *2* = ______	Tauschaufgabe
	6 · 8 = 48		48 : ______ = ______	
	______		48 : ______ = ______	
	7 · 4 = ______		______	
	______		______	
	9 · 8 = ______		______	
	______		______	

45 In den Blumen stecken immer zwei Malaufgaben und ihre Umkehraufgaben.
Finde sie und schreibe sie auf.

a

______
______
______
______

b

______
______
______
______

c

______
______
______
______

d

______
______
______
______

Teiler, Primzahlen und Vielfache

46 Finde alle Teiler.

Teiler nennt man die Zahlen, durch die man eine andere Zahl teilen kann.

Beispiel: Die Zahl 12 kannst du durch verschiedene Zahlen teilen:

12

1	**2**	**3**	**4**	**6**	**12**
12 : 1 = 12	12 : 2 = 6	12 : 3 = 4	12 : 4 = 3	12 : 6 = 2	12 : 12 = 1

1, 2, 3, 4, 6 und 12 sind die Teiler von 12.
Achtung: Jede Zahl hat 1 und sich selbst als Teiler!

a 10

10 : ____ = ____ 10 : ____ = ____ 10 : ____ = ____ 10 : ____ = ____

Die Teiler von 10 heißen: ______________________________

b 18

____

Die Teiler von 18 heißen: ______________________________

47 Finde alle Vielfachen.

Vielfache einer Zahl sind alle Zahlen, die man durch diese Zahl ohne Rest teilen kann.

Beispiel: 20, 24, 28, 40 sind Vielfache der Zahl 2.

a Finde aus dieser Reihe alle Vielfachen von 8 und kreise sie farbig ein:

1 4 8 10 16 23 40 53 80 88

b Finde fünf Vielfache von 6:

____

48 Finde mindestens 3 weitere Primzahlen.

Primzahlen nennt man Zahlen, die nur durch 1 und durch sich selbst teilbar sind.

Beispiel: 1, 2, 3 und 5 sind Primzahlen.

1, 2, 3, 5, ______________________________

Malnehmen und Teilen mit Vielfachen von 10

Adriano war dieses Jahr in den Sommerferien nicht in Italien, sondern gemeinsam mit seiner Familie in Frankreich. Dort gab es zum Frühstück häufig Croissants und Baguettes aus der Bäckerei.

49 An einem Tag werden 10 Bleche Croissants in der Bäckerei gebacken. Auf einem Blech liegen 25 Croissants.

Jetzt kannst du sicher ausrechnen, wie viele Croissants an einem Tag gebacken werden.

Bei „· **10**“ musst du nur **eine** Null anhängen.
Bei „· **100**“ musst du nur **zwei** Nullen anhängen.

Rechnung: ______________________

Antwort: ______________________

50 Rechne die folgenden Aufgaben.

36 · 10 = ____	100 · 4 = ____	3 · 100 = ____
99 · 10 = ____	11 · 10 = ____	92 · 10 = ____
9 · 100 = ____	86 · 10 = ____	28 · 10 = ____
10 · 100 = ____	2 · 100 = ____	44 · 10 = ____

Tipp!
Denke immer an die Tauschaufgaben, zum Beispiel:
4 · 100 = 100 · 4

51 An einem Tag werden in der Bäckerei 150 Baguettes verkauft.
Auf einem Blech sind jeweils 10 Baguettes.

Jetzt kannst du sicher ausrechnen, wie viele Bleche mit Baguettes an einem Tag gebacken werden.

> Bei „**: 10**“ musst du nur **eine** Null wegstreichen.
> Bei „**: 100**“ musst du nur **zwei** Nullen wegstreichen.

Rechnung: ______________________________

Antwort: ______________________________

52 Rechne die folgenden Aufgaben. Die Lösungen findest du im Baguette.
Welche Lösung bleibt übrig?

990 : 10 = ____	630 : 10 = ____	200 : 10 = ____
800 : 10 = ____	500 : 100 = ____	600 : 100 = ____
150 : 10 = ____	900 : 100 = ____	510 : 10 = ____
200 : 100 = ____	900 : 10 = ____	100 : 10 = ____

Übrig bleibt die Zahl: ________

53 Vervollständige die Pfeilbilder.

180 —: 60→ ☐ ; 180 —: 10→ 18 ; 18 —: 6→ ☐

360 —: 90→ ☐ ; 360 —: ___→ ☐ ; ☐ —: ___→ ☐

240 —: 40→ ☐ ; 240 —: ___→ ☐ ; ☐ —: ___→ ☐

3 —· 4→ ☐ ; 3 —· 40→ ☐ ; ☐ ←· 10— ☐

7 —· 6→ ☐ ; 7 —· ___→ ☐ ; ☐ ←· ___— ☐

5 —· 8→ ☐ ; 5 —· ___→ ☐ ; ☐ ←· ___— ☐

54 Fülle die Tabelle aus.

·	10	20	30	40	50	60	70	80	90	100
1										
2										
3										
4										
5										
6										
7										
8										
9										
10										

55 Immer vier Aufgaben gehören zusammen.
Male jedes der 11 Quartette mit einer anderen Farbe aus.

540 : 60 | 360 : 9 | 4 · 70 | 9 · 40 | 3 · 80

8 · 70 | 280 : 4 | 720 : 80 | 560 : 8 | 40 · 8

9 · 60 | 7 · 90 | 480 : 6 | 40 · 9 | 5 · 70

560 : 70 | 9 · 80 | 350 : 7 | 70 · 8 | 8 · 40

90 · 7 | 60 · 9 | 630 : 7 | 480 : 80 | 350 : 50 | 320 : 40

80 · 9 | 280 : 70 | 70 · 5 | 70 · 4 | 240 : 3 | 360 : 90

6 · 70 | 630 : 90 | 540 : 9 | 70 · 6 | 320 : 8 | 240 : 80

420 : 70 | 720 : 9 | 420 : 6 | 80 · 6 | 60 · 8 | 80 · 3

Teilen mit Rest

56 Für eine Familienfeier werden bei der Bäckerei 33 Croissants bestellt.
In eine Schachtel passen immer 9 Stück.
Wie viele Schachteln können ganz gefüllt werden? Wie viele Croissants bleiben übrig?

Bei manchen Geteiltaufgaben bleibt ein **Rest**. Schreibe ihn hinter das Ergebnis.

Beispiel:
36 : 5 = 7, **1** bleibt als Rest   du schreibst so: 7 **R 1**

Rechnung: ______________________

Antwort: ______________________

57 Rechne aus und setze die fehlenden Aufgaben ein.

24 : 8 = *3*	25 : 5 = ______	72 : 9 = ______
29 : 8 = *3 R5*	28 : 5 = ______	80 : 9 = ______
______	______	______
47 : 7 = ______	33 : 9 = ______	23 : 8 = ______
______	______	______
29 : 5 = ______	39 : 4 = ______	21 : 2 = ______
______	______	______
53 : 8 = ______	26 : 6 = ______	20 : 3 = ______

58 Zerlege die Aufgaben sinnvoll und rechne.

131 : 3 = ______	134 : 6 = ______	129 : 4 = ______
120 : 3 = *40*	120 : 6 = ______	______
9 : 3 = *3*	12 : 6 = ______	______
Rest = *2*	Rest = ______	______
513 : 5 = ______	677 : 8 = ______	647 : 7 = ______
______	______	______
______	______	______
______	______	______

Gemischte Aufgaben

59 Setze richtig ein: <, >, =
Unter den Aufgaben hast du Platz, um die Zwischenergebnisse zu notieren.

$250 + 50$ ◯ $350 - 40$	$730 - 50$ ◯ $610 + 70$
______ ______	______ ______
$263 + 40$ ◯ $373 - 70$	$459 - 90$ ◯ $307 + 50$
______ ______	______ ______
$526 - 40 - 9$ ◯ $395 + 80 + 3$	$521 - 318$ ◯ $842 - 637$
______ ______	______ ______

60 Bei folgenden Rechnungen musst du besonders auf die Regel „Punkt vor Strich“ achten.

> **„Punkt vor Strich“** bedeutet: Rechne immer zuerst die Mal- oder/und Geteiltaufgaben, auch wenn sie an zweiter Stelle stehen.
>
> *Beispiel:*
> $25 + \mathbf{3} \cdot \mathbf{2} = 25 + \mathbf{6} = 31$

$234 + 3 \cdot 4 =$ ______	$67 + 5 \cdot 50 =$ ______	$503 + 7 \cdot 8 =$ ______
$879 - 5 \cdot 4 =$ ______	$365 - 7 \cdot 9 =$ ______	$489 - 3 \cdot 6 =$ ______
$4 \cdot 60 + 28 =$ ______	$847 - 7 \cdot 3 =$ ______	$551 + 8 \cdot 5 =$ ______
$3 \cdot 9 + 8 \cdot 2 + 500 =$ ______	$850 - 7 \cdot 5 - 4 \cdot 4 =$ ______	$7 \cdot 40 + 89 =$ ______
$420 + 9 \cdot 6 - 3 \cdot 8 =$ ______	$6 \cdot 8 + 240 - 2 \cdot 9 =$ ______	$238 - 7 \cdot 9 =$ ______

61 Löse die Aufgaben. Streiche die richtigen Ergebnisse unten durch.

	3 · 40 = ?	240 : 8 = ?
Rechne zuerst die kleine Aufgabe:	3 · 4 = 12	24 : 8 = 3
Dann rechne die große Aufgabe:	3 · 40 = 120	240 : 8 = 30

große Aufgabe:

120 : 6 = ______ 630 : 7 = ______ 300 : 6 = ______

kleine Aufgabe:

12 : 6 = ______ 63 : 7 = ______ 30 : 6 = ______

große Aufgabe:

270 : 9 = ______ 150 : 3 = ______ 120 : 2 = ______

kleine Aufgabe:

______ ______ ______

Jetzt rechne ohne die kleine Aufgabe. Vergiss nicht, die richtigen Ergebnisse weiterhin durchzustreichen.

450 : 9 = ______

30 · 5 = ______

420 : 7 = ______

420 : 60 = ______

810 : 90 = ______

6 · 70 = ______

180 : 2 = ______

80 · 2 = ______

640 : 80 = ______

9 · 30 = ______

210 : 30 = ______

5 420 60 60 80 7 9 90 50 8 60 220 7 6 14 3 2 90 20 9 30 50 5 150 160 270 50

Addiere alle Zahlen, die du nicht durchgestrichen hast. Welches Ergebnis erhältst du?

______

Rechnen mit Größen – Tipps zum Üben

Mit den Aufgaben im zweiten Teil kann Ihr Kind das „Rechnen mit Größen" trainieren. Es wiederholt und vertieft den Umgang mit Zeitmaßen, Geld, Längen und Gewichten. Weitere Übungen dazu lassen sich leicht in den Alltag einbauen.

Rechnen mit Zeitmaßen

- Voraussetzung für das Rechnen mit Stunden und Minuten ist, dass Ihr Kind die Uhr lesen kann, und zwar sowohl von der digitalen Anzeige auf dem Handy als auch von der Wanduhr mit Ziffernblatt. Zum Üben können Sie auch Uhren auf Bahnhöfen oder in anderen öffentlichen Räumen nutzen.
- Beziehen Sie Ihr Kind in die Terminplanung mit ein. Lassen Sie es beim Mittagessen ausrechnen, wie viel Zeit es danach noch für Hausaufgaben oder zum Spielen hat, wenn es z. B. um 15.30 Uhr zum Fußballtraining muss.
- Lassen Sie Ihr Kind auf Reisen die „Wann-sind-wir-endlich-da?"-Frage selbst beantworten, indem Sie es die Ankunftszeit ermitteln lassen. Bei Fahrten mit Bus und Bahn kann Ihr Kind außerdem den Fahrplan lesen und die Dauer der Fahrt berechnen.

Rechnen mit Geld

- Nehmen Sie Ihr Kind mit zum Einkaufen und lassen Sie es mitrechnen. Was wird der Einkauf kosten? Reicht das Bargeld zum Bezahlen? Welche Produkte sind die günstigsten?
- Den Umgang mit Geld übt Ihr Kind, wenn es regelmäßig Taschengeld bekommt und frei darüber verfügen kann.
- Spielen Sie Monopoly mit Ihrem Kind. Es lernt dabei, einen größeren Geldbetrag zu verwalten.

Rechnen mit Längen und Gewichten

- Unterwegs können Sie mit Ihrem Kind über Entfernungen sprechen: Wie weit ist es in die Schule? Wie weit zu Opa? Und wie weit bis zum Stadtpark?
- Lassen Sie Ihr Kind beim Kochen und Backen helfen. Es kann die Zutaten abwiegen und Gramm in Kilogramm umrechnen oder umgekehrt.
- Vor dem Flug in den Urlaub können Sie mit Ihrem Kind das Gepäck wiegen und es ausrechnen lassen, ob die Koffer das Höchstgewicht einhalten oder wieder etwas ausgepackt werden muss.

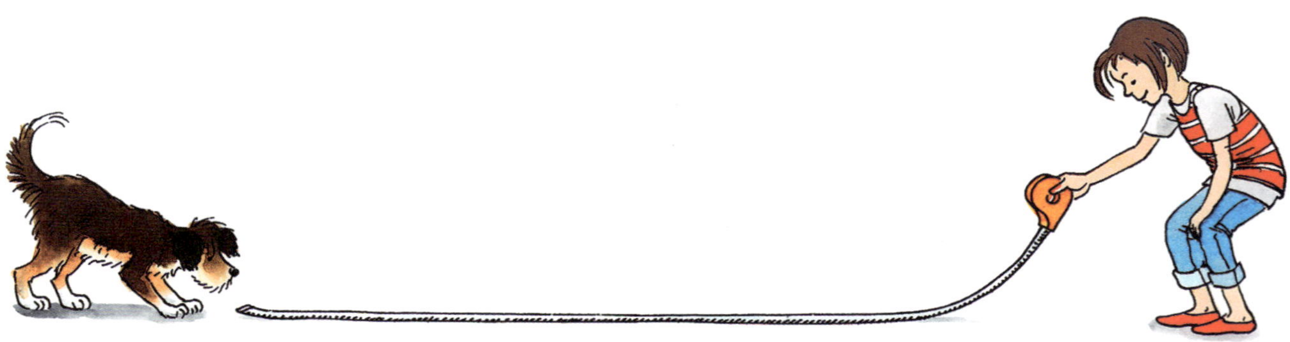

Rechnen mit Zeitmaßen

62 Anna und Leon machen Versuche.
Sie probieren aus, was man in einer Sekunde tun kann.

Kreise farbig ein, was du in einer Sekunde tun kannst.

einen Namen schreiben

zwinkern

um den Tisch laufen

aufstehen

in die Hocke gehen

einen Schluck trinken

einen Schuh anziehen

Die Zeit misst du in **Sekunden** (s), **Minuten** (min) und **Stunden** (h).

60 Sekunden (s) = 1 Minute (min)
60 Minuten (min) = 1 Stunde (h)

Eine viertel ($\frac{1}{4}$) Stunde hat 15 Minuten.
Eine halbe ($\frac{1}{2}$) Stunde hat 30 Minuten.
Eine dreiviertel ($\frac{3}{4}$) Stunde hat 45 Minuten.

63 Rechne um.

2 min 15 s	8 min 4 s	___ min ___ s	1 min 59 s	___ min ___ s	___ min ___ s
_____ s	_____ s	69 s	_____ s	100 s	210 s
4 min 15 s	9 min 47 s	___ min ___ s	5 min 4 s	___ min ___ s	___ min ___ s
_____ s	_____ s	649 s	_____ s	451 s	610 s

64 Rechne um.

6 h 25 min	___ h ___ min	8 h 12 min	___ h ___ min	10 h 10 min	___ h ___ min
_____ min	250 min	_____ min	500 min	_____ min	430 min
15 h 8 min	___ h ___ min	6 h 57 min	___ h ___ min	3 h 23 min	___ h ___ min
_____ min	157 min	_____ min	555 min	_____ min	819 min

65 Auf verschiedenen Uhren sieht die Uhrzeit ganz anders aus, stellt Anna fest.
Welche Uhrzeit zeigen die Uhren an?

A ______________ B ______________ C ______________ D ______________

66 Welche Uhrzeit zeigen die Uhren aus Aufgabe 4 …

a nach einer viertel Stunde an?

A ______________ B ______________ C ______________ D ______________

b nach einer dreiviertel Stunde an?

A ______________ B ______________ C ______________ D ______________

c nach 1 $\frac{1}{2}$ Stunden an?

A ______________ B ______________ C ______________ D ______________

67 Zeichne die fehlenden Zeiger ein.

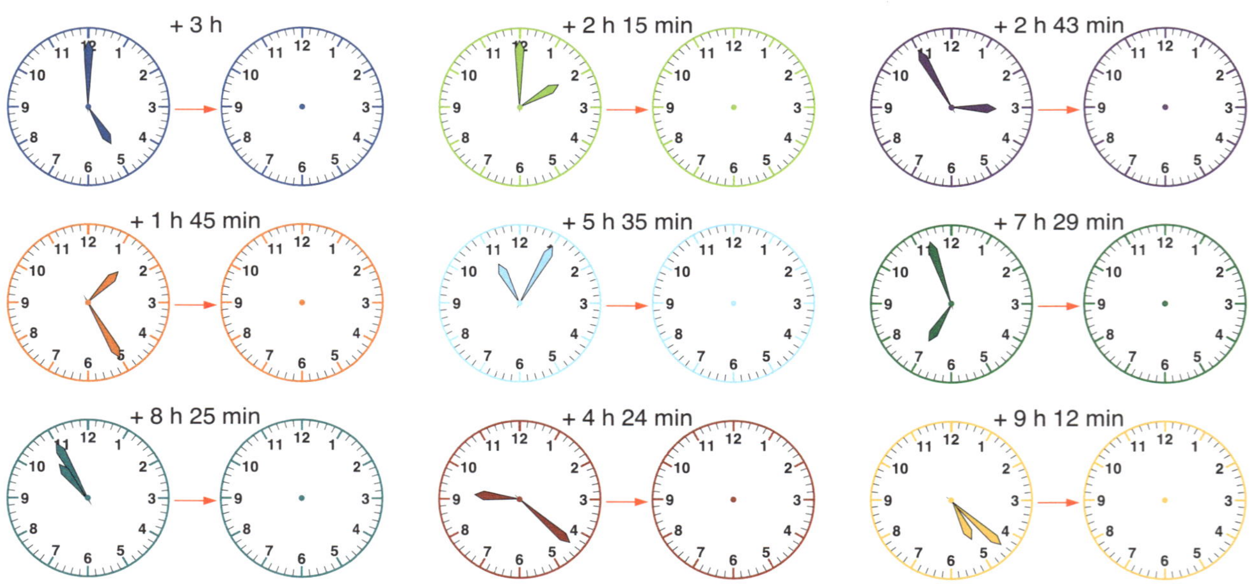

68 Wie viel Zeit ist vergangen?

_______ h

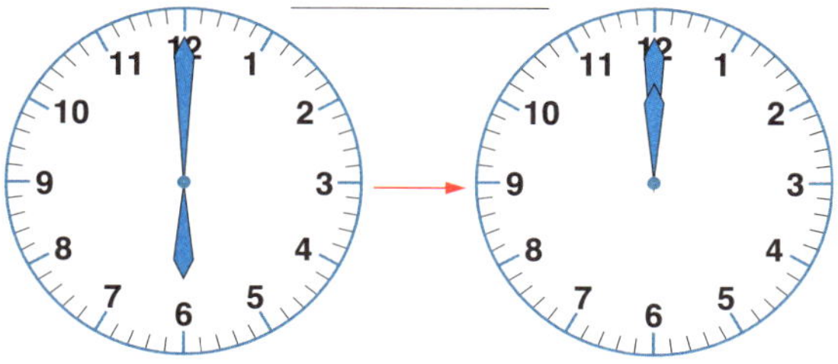

18.00 Uhr → _______ Uhr

_______ min

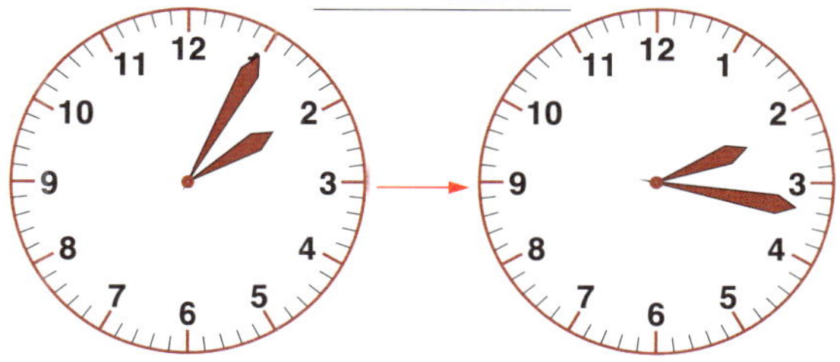

14.05 Uhr → _______ Uhr

_______ min

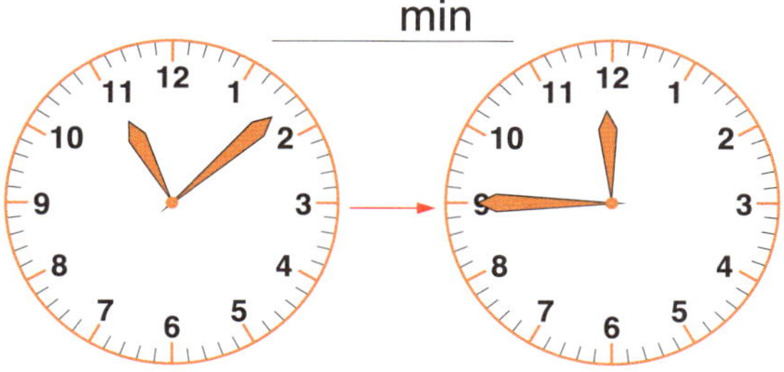

23.08 Uhr → _______ Uhr

_______ h _______ min

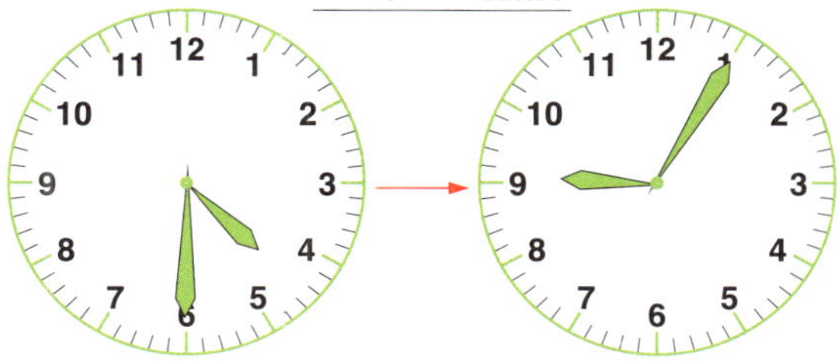

16.30 Uhr → _______ Uhr

69 Kannst du die Uhr auch im Spiegelbild ablesen?

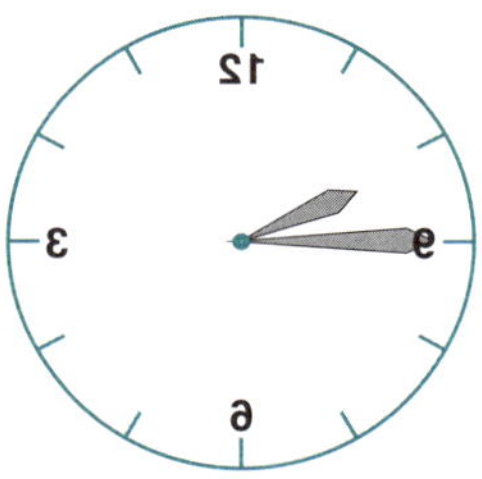

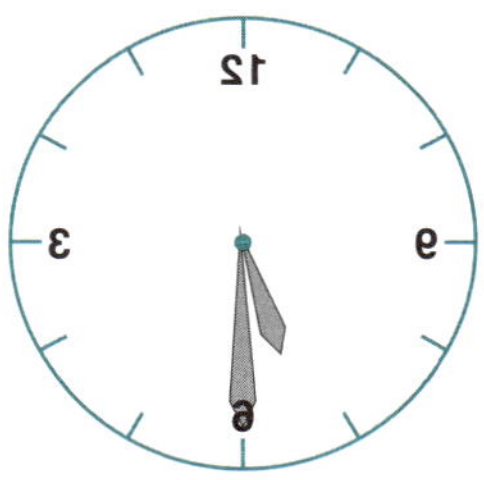

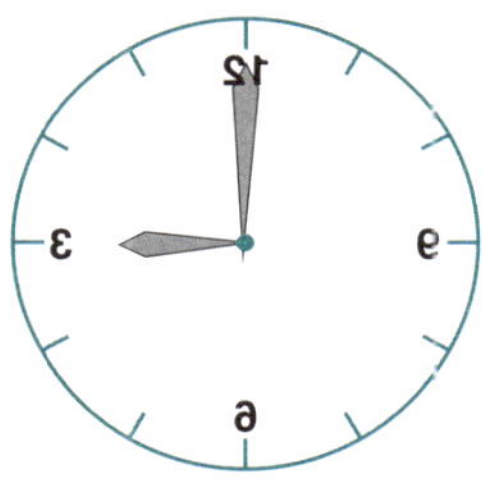

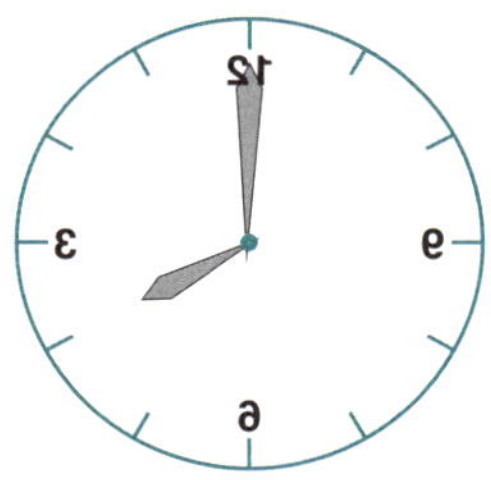

_______ _______ _______ _______

70 Wie viele Sekunden sind seit der letzten vollen Minute vergangen?

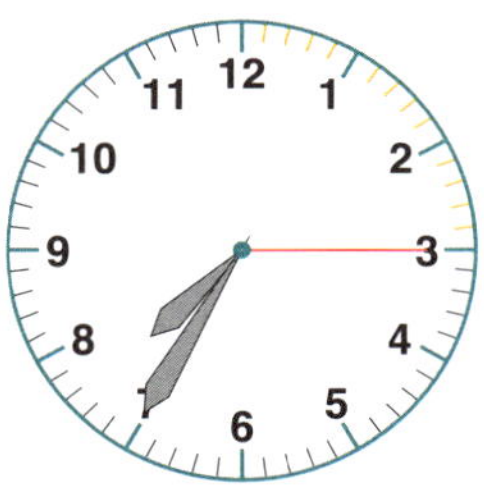

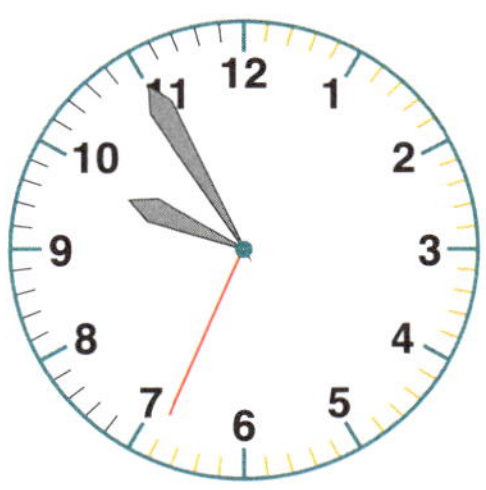

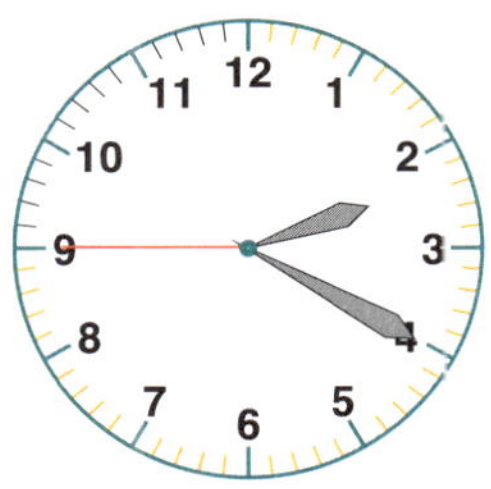

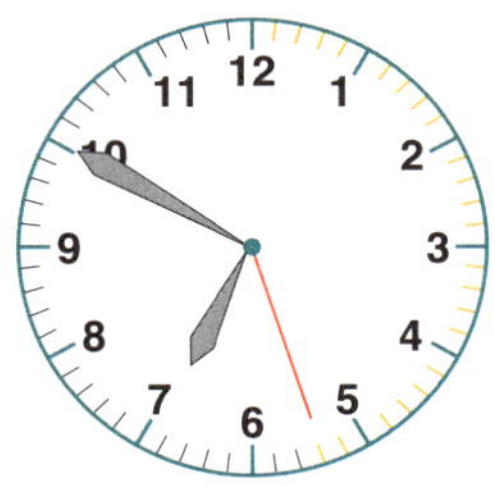

_______ s _______ s _______ s _______ s

71 Im Sportunterricht trainiert die 3 b für den 800-m-Lauf. Nilay stoppt die Zeit.
Was zeigt die Stoppuhr 1 Sekunde später an?

min s	min s
02:54	:

min s	min s
05:58	:

min s	min s
03:59	:

min s	min s
00:55	:

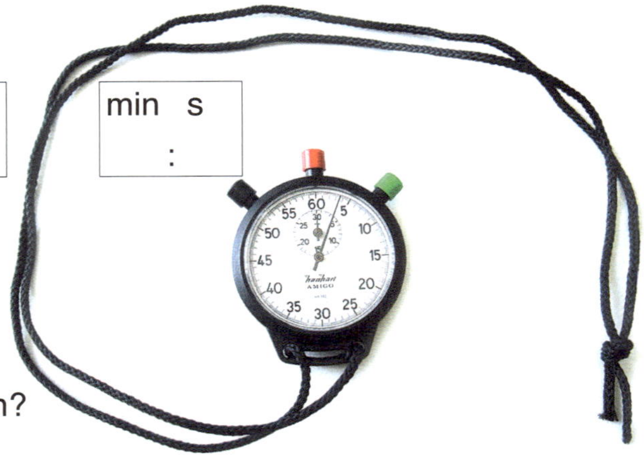

72 Was zeigt die Stoppuhr eine Sekunde vorher an?

73 Die Kinder der 3 b erzählen von ihrem Tagesablauf. Anna erklärt: „Um 6.45 Uhr stehe ich auf. Nachdem ich mich im Bad fertig gemacht habe und gefrühstückt habe, verlasse ich um 7.25 Uhr das Haus. Um 7.45 Uhr komme ich in der Schule an und verrichte manchmal Klassendienste wie Blumen gießen oder Tafel wischen. Die Schule beginnt um 8.05 Uhr und endet um 13.05 Uhr. Nach der 2. und 4. Stunde haben wir jeweils 15 Minuten Pause."

a Ergänze die Tabelle.

	Bad/ Frühstück	**Schulweg**	**Unterricht**	**1. Pause**	**2. Pause**
Beginn					
Ende					
Dauer					

Wenn du berechnest, wie lange etwas dauert, dann musst du die **Zeitspanne** zwischen Anfang und Ende berechnen. Anfang und Ende sind bestimmte **Zeitpunkte**.
Mit einem **Zeitpunkt** geben wir eine genaue Zeitangabe an.
Mit einer **Zeitspanne** berechnen wir, wie lange etwas dauert.

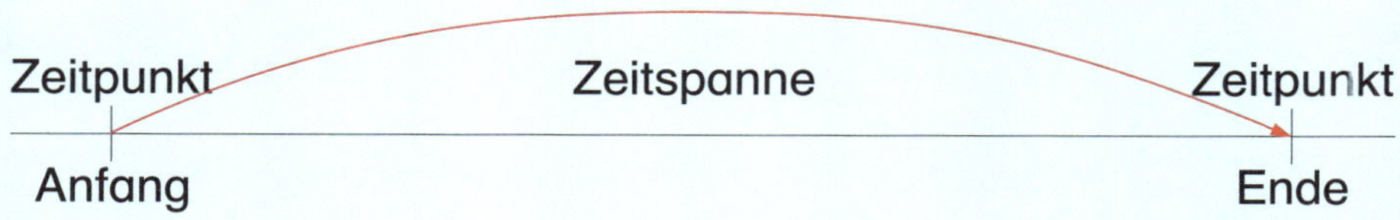

Wenn du eine **Zeitspanne** berechnest, kannst du einen **Zeitstrahl** benutzen.
Rechne bis zur nächsten vollen Stunde und dann in Stundenschritten weiter.

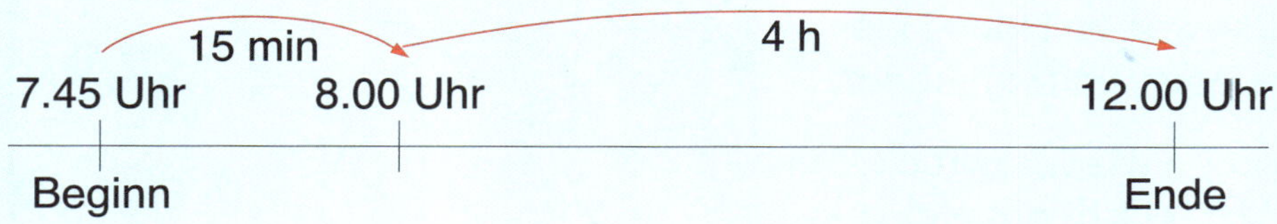

b Julius sagt: „Ich stehe um 6.30 Uhr auf und gehe um 7.10 Uhr zur Bushaltestelle."

Frage: „Wie lange kann ich im Bad und zum Frühstücken insgesamt brauchen?"

Rechnung:

Antwort: ______________________________

c Susanna berichtet: „Ich muss zur Schule 12 Minuten zu Fuß gehen."

Frage: „Wann muss ich aus dem Haus, wenn ich vor dem Unterricht noch 10 Minuten mit Anna spielen will?"

Rechnung:

Antwort: ______________________________

d Gitte hat heute hitzefrei und darf schon nach 4 Stunden und 15 Minuten wieder nach Hause gehen.

Frage: Wann ist die Schule aus?

Rechnung:

Antwort: ______________________________

e Elias macht nach der Schule noch einen Abstecher zum Spielplatz. Der Weg dorthin dauert 5 Minuten, sein Heimweg 10 Minuten. Er spielt dort mit Freunden 90 Minuten lang.

Frage: Wann kommt er nach Hause?

Rechnung:

> **Tipp!**
> Auf Seite 40 erfährst du von Anna, wann die Schule aus ist!

Antwort: ______________________________

f Leon möchte nach der Schule mit seinen Freunden ins Schwimmbad fahren. Um 13.45 Uhr radelt er von zu Hause los und ist um 14.05 Uhr beim Schwimmbad.

Frage: Wann muss Leon wieder zurückfahren, wenn er um 18.00 Uhr daheim sein muss?

Rechnung:

Antwort: ______________________________

74 Die Klasse 3 b fährt mit dem Bus ins Schullandheim. Nach $1\frac{3}{4}$ Stunden halten sie an einer Raststation und machen eine viertel Stunde Pause. Nach weiteren $2\frac{1}{4}$ Stunden kommen sie am Schullandheim um 11.30 Uhr an.

Frage: Wann sind sie losgefahren?

Rechnung:

Antwort: ______________________________

75 Annas Uhr geht falsch. Als es in Wirklichkeit 8.45 Uhr war, zeigte Annas Uhr schon 9.15 Uhr an. Annas Uhr zeigt jetzt 18.05 Uhr.

> **Tipp!**
> Berechne, um wie viele Minuten Annas Uhr falsch geht!

Frage: Wie spät ist es in Wirklichkeit?

Rechnung:

Antwort: ______________________________

76 Rechne um.

3 h 25 min = _____ min   7 h 42 min = _____ min   4 h 10 min = _____ min

289 min = _____ h _____ min   530 min = _____ h _____ min   780 s = _____ min

77 Heike sitzt über dem Kalender und rechnet. Bald sind Sommerferien, da darf sie zu ihrer Oma fahren, und dann hat auch noch ihre Freundin Simone Geburtstag. Wie lange dauert das wohl noch alles?

Beim Rechnen mit dem Kalender ist es wichtig, dass du die Anzahl der Tage der verschiedenen Monate kennst.

30 Tage:	April, Juni, September, November
31 Tage:	Januar, März, Mai, Juli, August, Oktober, Dezember
28 oder 29 Tage:	Februar

Denke auch daran, dass eine Woche 7 Tage hat und ein Tag 24 Stunden.

a Heike überlegt: „Heute ist der 6. Juli. Am 12. August fahre ich für 10 Tage zu Oma."

Frage: Wie viele Tage sind das noch?

Rechnung:

Antwort: ______________________________

b Leon will es von Heike genauer wissen: „Das sind ganz schön viele Tage. Wie viele Wochen sind das denn noch?"

Rechnung:

Antwort: ______________________________

c Heike rechnet weiter am Kalender: „Wenn ich von Oma heimkomme, dann dauert es sieben Wochen und fünf Tage, bis meine Freundin Simone Geburtstag hat. Na, Leon, weißt du jetzt, wann Simone Geburtstag hat?"

Rechnung:

Antwort: ______________________________

Knobelaufgaben

78 Auf einer Uhr siehst du die Zahlen von 1 bis 12.

a Zeichne mit einem Lineal einen Strich, der das Ziffernblatt so in zwei Teile zerlegt, dass die Summe der Zahlen in jedem Teil gleich groß ist.

b Zeichne mit einem Lineal zwei Striche, die das Ziffernblatt so in drei Teile zerlegen, dass die Summe der Zahlen in jedem Teil gleich groß ist.

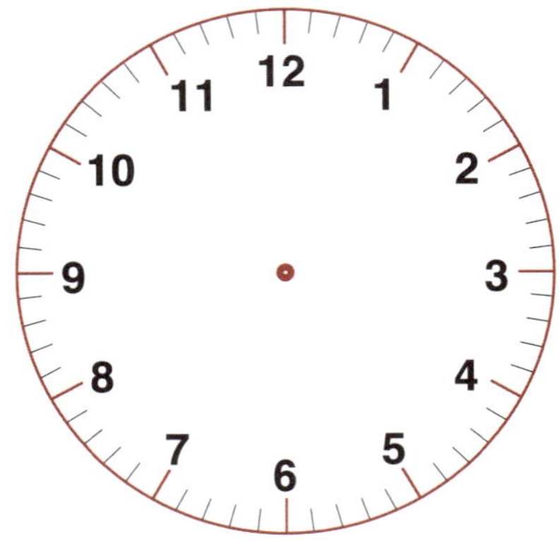

79 Entscheide, welche Aussagen wahr sein können.

- ☐ Letzten Montag habe ich 330 Sekunden auf den Bus gewartet.
- ☐ Mein kleiner Bruder schläft im Monat ungefähr 252 Stunden.
- ☐ Ich habe jeden Tag 270 Minuten Unterricht.
- ☐ Im Monat habe ich ungefähr 240 Stunden Wochenende.
- ☐ Pro Tag habe ich in der Schule eine große Pause von 900 Sekunden Länge.

80 Leon ist mit seiner Schwester Heike und seinen Großeltern beim Wandern. Plötzlich kommen sie an einen schmalen Tunnel, durch den immer nur zwei Leute gleichzeitig hindurchgehen können.

Leon braucht für den Weg durch den Tunnel eine Minute, seine Schwester Heike zwei Minuten. Leons Oma Gertrud braucht vier und sein Opa Fritz braucht fünf Minuten, um durch den dunklen Tunnel zu gehen. Erschwerend kommt hinzu, dass sie nur eine Taschenlampe haben, die also von einem jeweils zum Anfang des Tunnels zurückgebracht werden muss, damit niemand im Dunkeln gehen muss. Dummerweise ist auch keiner stark genug, einen der anderen zu tragen. Außerdem stellt Leon fest, dass die Taschenlampe nur noch für zwölf Minuten Licht hat!

Frage: Wer geht mit wem in welcher Reihenfolge durch den Tunnel, damit das Licht für alle reicht?

Rechnung:

Antwort: ______________________________

____

Rechnen mit Geld

81 Die Klasse 3 b übt heute den Umgang mit Geld. Von der örtlichen Bank haben sie jede Menge Spielgeld bekommen, damit sie sich das Geld besser vorstellen können.

Unser Geld heißt **Euro** (€) und **Cent** (ct).
1 Euro (€) = 100 Cent (ct)

Es gibt diese
Scheine: 5 €, 10 €, 20 €, 50 €, 100 €, 200 €, 500 € und
Münzen: 1 ct, 2 ct, 5 ct, 10 ct, 20 ct, 50 ct, 1 €, 2 €

a Wie viel Geld ist es jeweils?

100 €	100 €	100 €	500 €
100 €	50 €	100 €	200 €
+ 50 €	50 €	100 €	200 €
______ €	20 €	50 €	50 €
	+ 10 €	50 €	+ 10 €
	______ €	50 €	______ €
		+ 20 €	
		______ €	

b Wie viel Geld ist es jeweils?

1 € 1 € 2 € 50 ct

______

2 € 2 € 50 ct 20 ct 20 ct

______

50 ct 50 ct 20 ct 20 ct 5 ct

______

10 € 5 € 10 ct 5 ct

______

20 € 10 € 50 ct 20 ct

______

50 € 20 € 10 € 2 € 1 € 1 € 1 € 10 ct

______

82 Wie können die Schüler die folgenden Beträge mit möglichst wenig Münzen und Scheinen bezahlen?

52 € ____________________

138 € ____________________

603 € ____________________

95 € 34 ct ____________________

208 € 38 ct ____________________

156 € 9 ct ____________________

83 Damit sie beim Einkaufen keine Fehler machen, rechnen Anna und Leon die Geldbeträge um.

a Schreibe in Cent.

2 €	________	1 € 8 ct	________	5 € 6 ct	________
1 € 27 ct	________	5 € 9 ct	________	3 € 78 ct	________
2 € 30 ct	________	4 € 28 ct	________	9 € 85 ct	________

b Schreibe in Euro und Cent.

488 ct	________	307 ct	________	745 ct	________
641 ct	________	652 ct	________	537 ct	________
178 ct	________	204 ct	________	856 ct	________

c Schreibe mit Komma.

Das **Komma** trennt die Euros von den Cent.
Wenn du mit Komma schreibst, musst du immer die größere Einheit verwenden.

Beispiel: 1 € 25 ct = 1,25 €

245 ct	________	687 ct	________	345 ct	________
145 ct	________	547 ct	________	306 ct	________
357 ct	________	201 ct	________	430 ct	________

84 Leon hat sich mit seiner Mutter und seiner Schwester einen Tag die Münchner Innenstadt angesehen. Nachdem die Familie den 92 m hohen Turm des Alten Peters bestiegen hat, haben Heike und Leon großen Durst. Deshalb kauft die Mutter am nächsten Kiosk für beide ein Getränk zu je 1,19 €.

a Frage: Was kostet es zusammen?

Mit dem **Überschlag** kannst du dein Ergebnis schnell überprüfen.
Runde deine Zahlen so, dass du die Aufgabe leicht im Kopf rechnen kannst.
Du erhältst ein **ungefähres** Ergebnis.

Beispiel:
1,19 € **ist gerundet** 1,20 € oder 1,19 € ≈ 1,20 €

Rechnung:

Antwort: ______________________________

b Rechne und kontrolliere mit dem Überschlag.

3,27 € + 1,99 € + 8,53 € =
4,93 € + 8,03 € + 1,74 € =
7,86 € + 5,18 € + 2,49 € =
4,99 € + 2,63 € + 5,19 € =
2,18 € + 9,80 € + 4,13 € =
5,11 € + 7,76 € + 9,14 € =
24,16 € + 15,34 € + 4,48 € =

8,35 € – 3,99 € =
17,39 € – 1,27 € =
67,90 € – 37,10 € =
19,41 € – 13,81 € =
15,43 € – 11,99 € =
46,15 € – 19,81 € =
73,48 € – 14,24 € – 12,98 € =

85 Im Spielzeugladen gibt es im Schaufenster viele tolle Sachen zu sehen.

a Frau Römer kauft für ihre Enkelin das Puppenhaus und bezahlt mit einem 200-€-Schein.

Frage: Wie viel Geld bekommt sie zurück?

Rechnung:

Antwort: ______________________________

b Sophie hat 15 € gespart. Sie möchte sich drei Spielzeugautos kaufen.

Frage: Reicht das Geld?

Rechnung:

Antwort: ______________________________

c Herr Neumann kauft den Roboter und bekommt 43 € zurück.

Frage: Womit hat er bezahlt?

Rechnung:

Antwort: ______________________________

Knobelaufgaben

86 Herr Fröhlich hat ein Vogelgeschäft. In seiner letzten Lieferung hat er 30 Vögel für 30 Euro gekauft. Für drei Kanarienvögel zahlte er einen Euro, für zwei Wildtauben ebenfalls einen Euro und für jede Taube zwei Euro.

Frage: Wie viele Vögel hat er von jeder Sorte gekauft?

Rechnung:

Antwort: ______________________________

87 Frau Lustig macht bei einem Glücksspiel mit: Wenn sie gewinnt, erhält sie das Doppelte von der Summe, die sie bei sich hat. Sie hat Glück und gewinnt tatsächlich. Aus Dankbarkeit beschließt sie, von jedem Gewinn 10 € zu verschenken. Sie spielt noch einmal mit und wieder funktioniert es. Nun spielt sie ein drittes Mal und gewinnt. Als sie nach dem dritten Mal in ihren Taschen nachsieht, ist sie pleite!

Frage: Wie viel Geld hatte Frau Lustig bei sich, als sie mit dem Spiel anfing?

Rechnung:

Antwort: ______________________________

88 Herr Röder kauft ein Spielzeugpferd für 60 Euro. Nach einem Jahr verkauft er das Pferd für 70 Euro. Aber schon nach einigen Tagen bedauert er den Verkauf, und er kauft sein schönes Pferd zurück. Leider kostet ihn das 80 Euro, also erleidet er einen Verlust von 10 Euro. Ein Jahr später beschließt Herr Röder, das Pferd endgültig zu verkaufen für 90 Euro.

Frage: Wie viel Gewinn hat er insgesamt gemacht?

Rechnung:

Antwort: ______________________________

Rechnen mit Längen

89 Zum Messen benutzen die Kinder der 3 b unterschiedliche Hilfsmittel:

Lineal

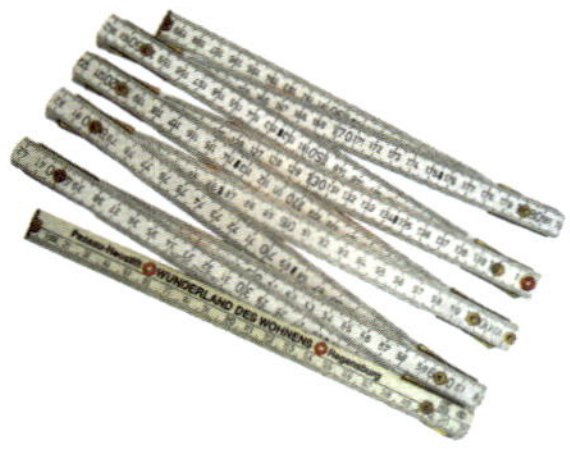

Metermaß

Maßband

Fahrradtacho

Kilometerzähler

Zum Messen verwendest du die Einheiten **Kilometer** (km), **Meter** (m), **Zentimeter** (cm) und **Millimeter** (mm).

1 km = 1 000 m
1 m = 100 cm
1 cm = 10 mm

Ergänze die passende Längeneinheit und schreibe auf, womit du die Strecke misst.

a Anna ist beim Sportfest fast 4 _____ weit gesprungen.
Ich messe mit ________________.

b Die Schnecke ist vom nächsten Salatkopf noch 20 _____ entfernt.
Ich messe mit ______________.

c Wenn du einen großen Schritt machst, ist das ungefähr 1 _____.
Ich messe mit ________________.

d Leons Oma wohnt in Regensburg. Das sind von München aus 150 _____.
Ich messe mit __________________.

e Eine Heuschrecke ist ungefähr 5 _____ lang.
Ich messe mit _____________.

90 Miss folgende Strecken mit deinem Lineal und schreibe die Ergebnisse auf.

a ____ ________

b _______________________ ________

c __________ ________

d ___ ________

e ____________________ ________

91 Zeichne Strecken mit folgenden Längen:

a 12 cm

b 60 mm

c 3 cm

d 7 cm 5 mm

92 Oft entstehen beim Messen gemischte Größen. Ordne die richtige Länge zu.

70 m 50 cm hoch

12 cm 7 mm lang

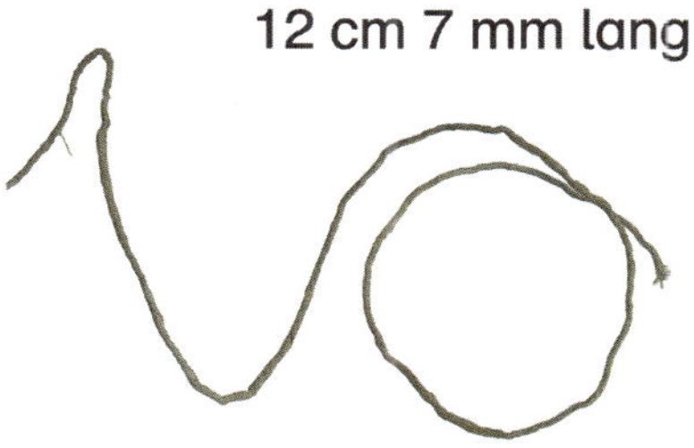

64 cm hoch

1 m 5 cm lang

Wenn du mit Größen rechnest, musst du darauf achten, dass sie in einer einheitlichen **Größeneinheit** gegeben sind.
Ist dies nicht der Fall, musst du zuerst umrechnen.
Zum Rechnen verwendest du immer die kleinste der gegebenen Größeneinheiten.

Beispiele:
1 m 54 **cm** = 154 **cm**
12 cm 7 **mm** = 127 **mm**

Du kannst Größen auch in **Kommaschreibweise** notieren.
Du verwendest dann immer die größere Einheit als Maßeinheit.
Achtung: Je nach Umrechnungszahl (von km auf m, m auf cm oder cm auf mm) gibt es eine, zwei oder drei Stellen hinter dem Komma.

Beispiele:
2 **cm** 7 mm = 2**,**7 **cm**
3 **m** 66 cm = 3**,**66 **m**
4 **km** 256 m = 4**,**256 **km**

a Gib in mm an:

6 cm 9 mm = ____________ 12 cm 1 mm = ____________

37 cm 7 mm = ____________ 9 cm 29 mm = ____________

b Gib in cm an:

4 m 41 cm = ____________

9 m 28 cm = ____________

7 m 5 cm = ____________

6 m 77 cm = ____________

c Gib diese Größen in Kommaschreibweise an:

5 cm 6 mm = ____________

61 cm 8 mm = ____________

54 m 9 cm = ____________

83 cm = ____________

93 Leon und sein Freund Jonathan haben viele Dinge gemessen und die Längen auf Kärtchen geschrieben. Einige Dinge haben sie aber zwei- oder dreimal gemessen.

Male gleiche Kärtchen in der gleichen Farbe aus.

8 m 30 cm	380 cm	5 m 4 cm	813 cm
0,83 m	8 m 13 cm	425 cm	4 m 25 cm
4,25 m	504 cm	83 cm	14 m 25 cm
8,30 m	3,80 m	830 cm	14,25 m
3 m 80 cm			

94 Wandle um und berechne die Aufgaben.

Schwierigere Aufgaben kannst du schriftlich zusammenzählen.

3,78 m + 522 cm = ____________

84 mm + 7,6 cm = ____________

28 cm + 3,07 m + 2 m 7 cm = ____________

15,9 cm + 4 cm 8 mm + 6 mm = ____________

95 Setze die Zeichen richtig ein: <, =, >

6 cm 7 mm ◯ 670 mm

8 cm 2 mm ◯ 28 mm

4 cm 7 mm ◯ 47 mm

14 m 30 cm ◯ 1 430 cm

5 m 4 cm ◯ 650 cm

6 km 400 m ◯ 6,040 km

709 m ◯ 0,709 km

6 km 70 m ◯ 6 700 m

96 Ergänze zum nächsten Kilometer.

903 m + ____________ m = 1 km 765 m + ____________ m = 1 km

5 km 89 m + ________ m = 6 km 2 km 52 m + ________ m = 3 km

97 Anna bekommt für ihr Zimmer ein neues Regal. Die Regalbretter sind 1,00 m lang.

22 cm

40 cm

54 cm

13 cm

36 cm

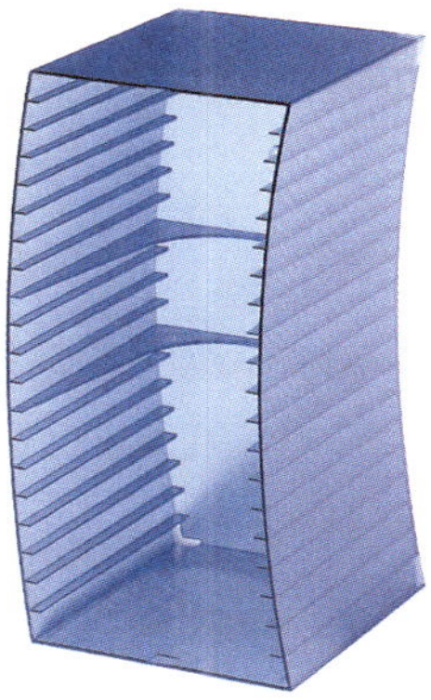
15 cm

8 cm

Passen folgende Dinge nebeneinander auf das Regalbrett?

a Teddybär, Spielzeugauto und CD-Player?

____

b CD-Player, CD-Regal, Lexikon und Zeitschriftenordner?

____

c Schachtel, Spielzeugauto und Teddybär?

____

98 Leons große Schwester Heike will für ihre Oma zum Geburtstag einen Schal stricken. Der Schal soll 2 m lang werden. Sie schafft jeden Tag 25 cm.

Frage: Wie lange braucht sie für den Schal?

Rechnung:

Antwort: ____

99 Anna, Leon und Olga wohnen in einer kleinen Stadt. Hier siehst du auf dem Plan Olgas Haus und einige wichtige Gebäude der Stadt.

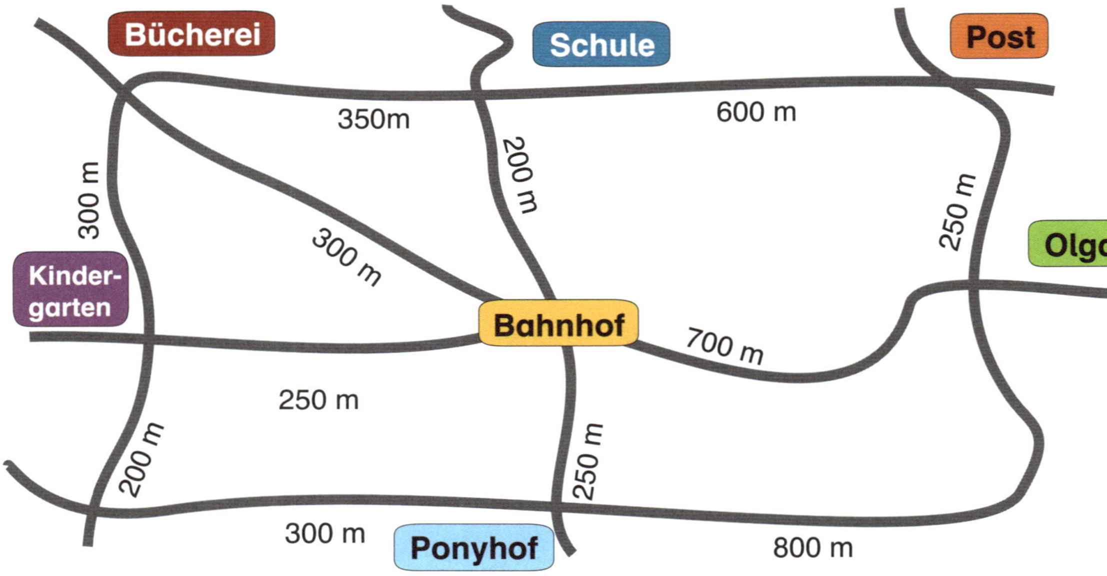

a Mittwochs holt Olga ihre Schwester nach der Schule im Kindergarten ab. Meistens gehen sie auf dem Heimweg noch am Ponyhof vorbei.

Berechne die Länge des kürzesten Weges.

Rechnung:

Antwort: ______________________________

b Heute geht Olga in die Stadt. Auf dem Weg zum Bahnhof will sie noch einen Brief bei der Post einwerfen und ein Buch in der Bücherei abgeben.

Berechne die gesamte Wegstrecke bis zum Bahnhof und zurück.

Rechnung:

Antwort: ______________________________

c Anna und Olga wollen einen möglichst langen Spaziergang machen.

Berechne die längste Wegstrecke von Olgas Haus und wieder zurück, ohne irgendeinen Ort doppelt zu besuchen.

Rechnung:

Antwort: ______________________________

Knobelaufgaben

100 Ein rot gestrichener Holzwürfel von 30 cm Kantenlänge wird in 10-cm-Würfel zersägt.

Frage: Wie viele Flächen müssen gestrichen werden, wenn alle kleinen Würfel ganz rot sein sollen?

Rechnung:

Antwort: ______________________________

101 Anna, Leon und Nilay machen ein Wetthüpfen über eine Strecke von 100 m. Alle drei hüpfen gleich schnell. Anna hüpft immer 5 m und macht dann 5 s Pause. Leon macht immer nach 10 m 12 s Pause und Nilay macht eine Pause von 25 s nach 20 m.

Frage: In welcher Reihenfolge erreichen die drei das Ziel?

Rechnung:

Antwort: ______________________________

102 Anna macht eine Wanderung mit ihrem Hund Nico.
Sie haben noch 10 km bis nach Hause.
Anna schafft in der Stunde 5 km.
Nico ist dreimal so schnell wie sie und läuft voraus.
Als er zu Hause ankommt, dreht er sofort wieder um und läuft zu Anna zurück.
Das macht er so lange, bis sie beide zu Hause ankommen.

Frage: Wie lange brauchen die beiden nach Hause?

Rechnung:

Antwort: ______________________________

Rechnen mit Gewichten

103 Nach den Osterferien besucht die Klasse 3 b ein Tierheim.
Dort werden heute die Tiere gewogen.

Gewicht misst du in **Kilogramm** (kg) und **Gramm** (g).

1 kg = 1 000 g

500 g = $\frac{1}{2}$ (ein halbes) kg

250 g = $\frac{1}{4}$ (ein viertel) kg

750 g = $\frac{3}{4}$ (ein dreiviertel) kg

a Ordne den Tieren die Gewichte zu: 15 g, 650 g, 1 000 g, 5 kg, 2 kg 200 g

Der Kanarienvogel wiegt: ____________________

Der Hase wiegt: ____________________

Das Meerschweinchen wiegt: ____________________

Der Dackel wiegt: ____________________

Der Papagei wiegt: ____________________

b Welches Tier ist am schwersten? ____________________

c Welches Tier ist am leichtesten? ____________________

d Ordne die Tiere nach ihrem Gewicht.

____

104 Verbinde gleiche Gewichtsangaben.

750 g	2,578 kg	500 g	1000 g	608 g	250 g
1 kg	0 kg 608 g	3/4 kg	1/4 kg	2 kg 578 g	1/2 kg

105 Auf einer alten Balkenwaage entdeckt Leon einen Gewichtssatz:

Welche Gewichte brauchst du, um Gegenstände mit folgendem Gewicht auszuwiegen? (Benutze immer möglichst wenige Gewichte!)

Beispiel: 349 g = 200 + 100 g + 20 g + 20 g + 5 g + 2 g + 2 g

210 g = ______________________________

472 g = ______________________________

306 g = ______________________________

641 g = ______________________________

823 g = ______________________________

783 g = ______________________________

106 Auf einer Waagschale fehlen immer Gewichte. Schreibe auf, wie viel Gewicht jeweils fehlt, damit die Waage im Gleichgewicht ist.

a ________

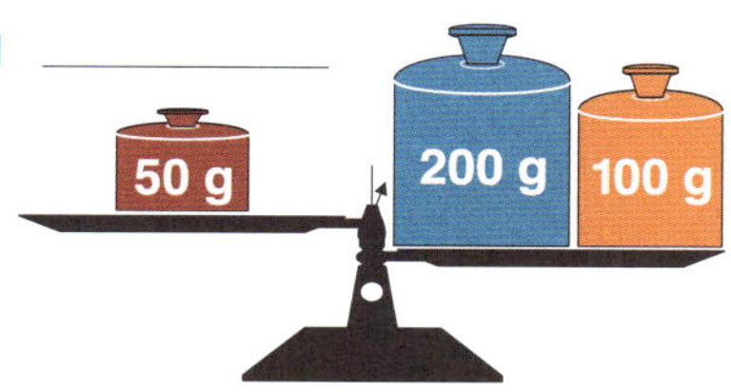

b ________

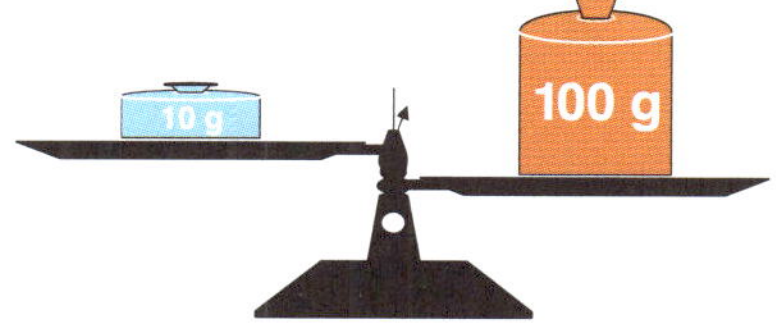

c ________

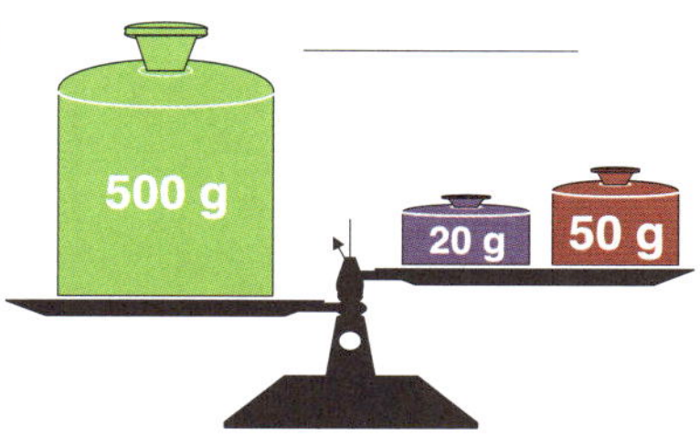

d ________

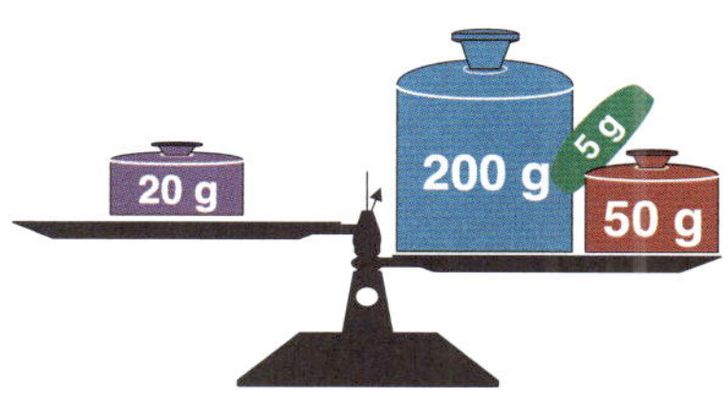

e ________

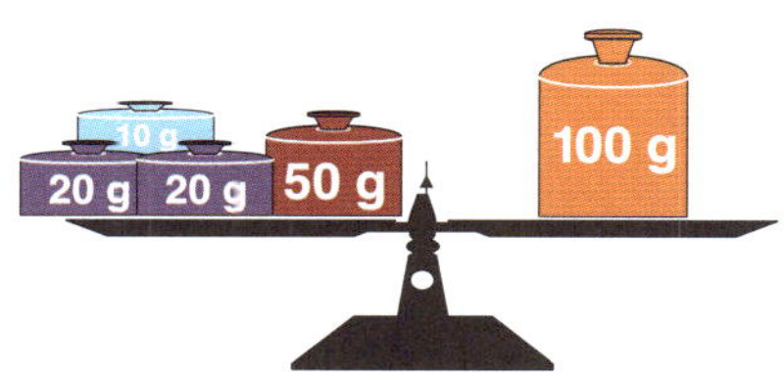

107 Ergänze auf 1 kg.

300 g + ________ g = 1 kg | 80 g + ________ g = 1 kg | 900 g + ________ g = 1 kg
651 g + ________ g = 1 kg | 115 g + ________ g = 1 kg | 830 g + ________ g = 1 kg
214 g + ________ g = 1 kg | 408 g + ________ g = 1 kg | 347 g + ________ g = 1 kg
58 g + ________ g = 1 kg | 46 g + ________ g = 1 kg | 106 g + ________ g = 1 kg
533 g + ________ g = 1 kg | 255 g + ________ g = 1 kg | 708 g + ________ g = 1 kg
31 g + ________ g = 1 kg | 6 g + ________ g = 1 kg | 52 g + ________ g = 1 kg

108 Hier wurde mit einer Digitalwaage gewogen.
Berechne, wie viel von den Lebensmitteln jeweils verbraucht wurde.

Tee
200 g

Brot
750 g

Butter
250 g

Mehl
1 kg

Tee: ________ Brot: ________ Butter: ________ Mehl: ________

109 Am nächsten Tag übt die 3 b das Rechnen mit Gewichten.

a Wie viel bleibt jeweils übrig?

1 kg – 400 g = ________ | 1 kg – 650 g = ________ | 1 kg – 360 g = ________
1 kg – 90 g = ________ | 1 kg – 255 g = ________ | 1 kg – 784 g = ________

2 kg 550 g – 1 kg 400 g = ________ | 5 kg 890 g – 3 kg 270 g = ________
4 kg 600 g – 3 kg 220 g = ________ | 8 kg 750 g – 4 kg 325 g = ________

b Wie viel ist das zusammen?

128 g + 400 g = ______ 314 g + 658 g = ______ 268 g + 349 g = ______

315 g + 90 g = ______ 674 g + 255 g = ______ 117 g + 784 g = ______

2 kg 200 g + 1 kg 400 g = ______ 5 kg 120 g + 3 kg 270 g = ______

4 kg 600 g + 3 kg 220 g = ______ 8 kg 750 g + 4 kg 125 g = ______

110 Besonders große Gewichte kannst du in Tonnen (t) angeben.

1 000 kg = 1 t

25 t

150 t

1 t

ca. 52 t

a Frage: Wie viele Lkw wiegen ungefähr so viel wie ein ICE-Waggon?
Rechnung:

Antwort: ______

b Frage: Wie viele ICE-Waggons wiegen ungefähr so viel wie ein Flugzeug?
Rechnung:

Antwort: ______

c Frage: Wie viele Lkw wiegen ungefähr so viel wie ein Flugzeug?
Rechnung:

Antwort: ______

111 Auch im Tierreich gibt es Schwergewichte.

a Ordne folgenden Tieren die richtigen Gewichtsangaben zu.

150 t, 80 t, 5 t, 1 t, $\frac{1}{2}$ t

Diese Angaben helfen dir dabei:
Der Elch ist das leichteste Tier.
Der Elefant ist 10-mal so schwer wie der Elch.
Der Blauwal ist 150-mal so schwer wie das Walross.
Der Brachiosaurus ist ungefähr halb so schwer wie der Blauwal.

Blauwal	Brachiosaurus	Elch	Elefant	Walross

b Wie viele Papageien müssen auf einer Waage stehen, damit die Waage 1 t zeigt?

____

Tipp!
Wie viel ein Papagei wiegt, hast du in Aufgabe 42 herausgefunden.

112 Welche Aussagen stimmen? Begründe!

	stimmt	stimmt nicht
a Anna stellt sich mit jedem Fuß auf eine andere Waage. Sie sagt: „Jetzt wiege ich doppelt so viel!“	☐	☐
b Lotta steigt mit ihrer Katze Morle auf die Waage. Diese zeigt 42 kg an. Lotta behauptet: „Ich wiege 36 kg und meine Katze wiegt 6 kg.“	☐	☐
c Florian und Maria aus der 3 c steigen gemeinsam auf die Waage. Maria verkündet: „Ich wiege 30 kg und Florian wiegt 166 kg.“	☐	☐
d Leon stellt sich nur mit einem Fuß auf die Waage. Er ist sich sicher: „Jetzt wiege ich nur noch die Hälfte.“	☐	☐

Knobelaufgaben

113 Neben dem Tierheim ist ein kleiner Kinderspielplatz. Anna, Leon, Marc und Kerstin laufen in der Mittagspause zu den Wippen. Die Kinder sind aber nicht alle gleich schwer. Kerstin ist schwerer als Leon. Marc ist schwerer als Kerstin, Leon schwerer als Anna.

Ordne die Kinder nach ihrem Gewicht. Beginne mit dem schwersten Kind.

____

114 Anna will ihrer Cousine, die in Australien lebt, ein Päckchen schicken.

Damit das Porto nicht zu teuer wird, darf das Päckchen insgesamt nur 2 kg wiegen. Diese Dinge möchte Anna gerne einpacken:

a Frage: Wie schwer wäre der gesamte Inhalt?

Rechnung:

Antwort: ______________________________

b Für die Verpackung muss Anna 240 g rechnen. Überlege dir für Anna zwei verschiedene Vorschläge, welche Dinge sie einpacken könnte.

Vermischte Aufgaben

115 Anna bekommt neue Kinderzimmermöbel.
Ihr Onkel transportiert sie in einem Anhänger, der höchstens mit 400 kg beladen werden darf. Der Schreibtisch wiegt 56 kg, der Schrank wiegt 142 kg und das Bett wiegt 87 kg. Dazu kommen noch zwei Regale mit je 36 kg.

a Frage: Wie schwer sind alle Möbel zusammen?

Rechnung:

Antwort: ______________________________

b Frage: Kann Annas Onkel sie alle auf einmal im Anhänger mitnehmen?

Rechnung:

Antwort: ______________________________

116 Der Tierpark „Wunderwelt“ hat im Sommer täglich von 8.00 Uhr bis 18.00 Uhr geöffnet, im Winter von 9.30 Uhr bis 17.00 Uhr.

Außerdem gelten folgende Fütterungszeiten:

a Frage: Wie viele Stunden hat der Tierpark im Sommer geöffnet und wie viele Stunden im Winter?

Rechnung:

Antwort: ______________________________

b Leon möchte die Affenfütterung um 14 Uhr sehen und auch die Löwenfütterung.

Frage: Wie viel Zeit bleibt zwischen den beiden Fütterungen, wenn die Affenfütterung eine halbe Stunde dauert?

Rechnung:

Antwort: ____________________

c Heike besucht die Tigerfütterung. Danach erlaubt ihre Mama, sich noch eine Fütterung auszusuchen.

Frage: Welche Tierfütterung könnte sie wählen? Findest du alle drei Möglichkeiten?

Antwort: ____________________

117 Atasi war in den Ferien an der Nordsee bei ihrem Opa, Kapitän Schlaumeier. Opa schickt Atasi zum Markt, um Einkäufe zu machen. Er gibt ihr 100 € mit. Davon soll Atasi 8 Kohlköpfe zu je 2 € kaufen, 10 kg Kartoffeln für 5 €, 40 frische Eier, das Stück für 20 Cent, 5 kg Karotten für 2,50 € pro Kilogramm und 4 Kilogramm Äpfel für 2 € je Kilogramm.

Frage: Wie viel Geld bekommt Atasi zurück?

Rechnung:

Antwort: ____________________

118 Lottas Schwester Agathe zählt zu Hause gerade ihr gespartes Geld.

Schreibe zu Agathes Informationen eine eigene Rechengeschichte und denke dir eine Frage aus. Alle Angaben müssen vorkommen. Unterstreiche in deinem Text die Angaben und berechne die Antwort auf deine Frage.

Agathe: gespartes Geld: 15 €, Anzahl: 7 Stück, Preis pro Stück: 1,50 €

____

____

____

Antwort: ____________________

119 Dieses Bild kannst du erkennen, wenn du die Rechnungen löst und die Ergebniszahlen in den angegebenen Farben ausmalst!

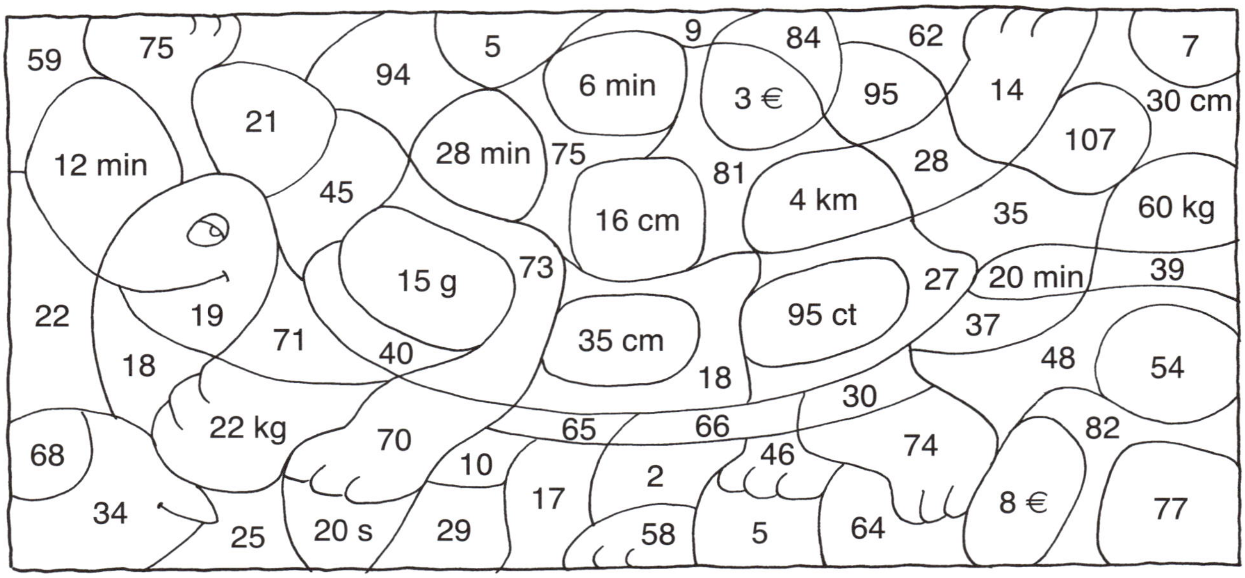

Blau	Gelb	Rot
15 s + 4 s = ____ s	80 cm – 50 mm = ____ cm	1 h 21 min + ____ = 87 min
35,5 kg + 34,5 kg = ____ kg	1 000 g – 960 g = ____ g	____ + 200 ct = 5 €
40 € + 5 € + 19 € + 10 € = ____ €	50 € – 20 € – 3 € = ____ €	38 km – ____ = 34 km
35 m + 13 m + 21 m + 2 m = ____ m	8 cm – 14 mm = ____ mm	____ – 70 mm = 90 mm
14 min + 32 min = ____ min	180 min – 1 h 47 min = ____ min	42 min + ____ = 1 h 10 min
5 cm + 50 mm = ____ cm	100 € – 35 € = ____ €	____ + 34 g = 49 g
7 cm 10 mm + 290 mm = ____ cm	54 s – 36 s = ____ s	65 cm – ____ = 300 mm
16 g + 14 g = ____ g	2 h – 39 min = ____ min	____ – 56 ct = 39 ct

120 Ein Wochenende auf dem Ponyhof

Familie Schneider möchte mit ihren zwei Kindern Julia, 3 Jahre alt, und Alexander, 8 Jahre alt, im August ein Wochenende auf dem Ponyhof verbringen. Sie möchten eine Ferienwohnung buchen und von Freitag bis Sonntag bleiben.

a Rechne aus, wie viel die Familie für ein Wochenende auf dem Ponyhof „Bergblick“ bezahlen muss.

Antwort: ______________________________

b Wie viel kostet das Wochenende auf dem Ponyhof „Obermeier“?

Antwort: ______________________________

c Welcher Ponyhof ist für die Familie günstiger? Begründe deine Antwort.

____

____

____

121 Für das Wochenende plant die Familie einen Ausflug in einen Märchenpark.

Wie viel kostet der Eintritt in den Märchenpark für die ganze Familie?

Antwort: ______________________________

122 Familie Schneider möchte auf den Rauschberg fahren.

a Frage: Wie viele Höhenmeter legt die Familie mit der Bahn bis zur Bergstation zurück?

Antwort: ______________________________

b Um 11 Uhr will die Familie am Samstag am Parkplatz der Bahn sein. Sie braucht 15 min, um vom Parkplatz zur Seilbahn zu gehen und Fahrkarten zu kaufen. Um 11.30 Uhr beginnt am Gipfel eine geführte Wanderung, die Herr Schneider gerne mitmachen will.

Schafft die Familie es pünktlich zur Wanderung? Wann sind sie an der Bergstation?

Antwort: ______________________________

c Die Wanderung dauert eine Stunde. Zusätzlich möchte die Familie ein Picknick am Spielplatz an der Bergstation machen und rechnet dafür eine dreiviertel Stunde Pause.

Wann ist die Familie nach der Wanderung wieder im Tal?

Antwort: ______________________________

123 Alexander macht inzwischen einen Ausritt in der Gruppe mit.

a Der Reitlehrer meint: „Wenn wir Schritt reiten, schaffen wir in fünf Minuten einen Kilometer."

Die Gruppe ist nach 45 Minuten wieder zurück am Ponyhof.
Wie weit sind die Kinder geritten?

Antwort: ______________________________

b Alexander darf danach auch im Stall mithelfen und die Ponys striegeln. Jedes Pony hat eine eigene Box. Eine Box ist 2,50 m lang. Der ganze Stall ist 31 m lang. Am Ende befindet sich eine 3,50 m lange Sattelkammer.

Für wie viele Ponys ist auf dem Ponyhof Platz?

Antwort: ______________________________

124 Der Fahrstuhl darf nur bis 400 kg beladen werden. Finde heraus, wie viel die Personen wiegen.

Darf die ganze Familie auf einmal mitfahren?

Antwort: ______________________________

125 Annas Mutter bestellt einige Dinge im Internet. Die CD bekommt Oma zum Geburtstag. Mama lässt sie als Geschenk verpackt liefern.

Wie viel muss sie bezahlen?

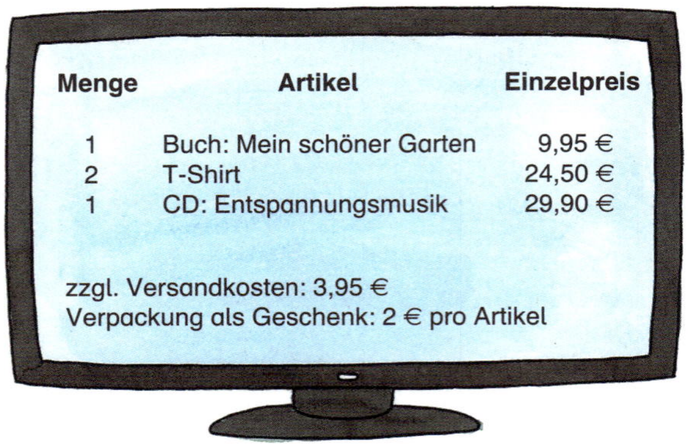

Menge	Artikel	Einzelpreis
1	Buch: Mein schöner Garten	9,95 €
2	T-Shirt	24,50 €
1	CD: Entspannungsmusik	29,90 €

zzgl. Versandkosten: 3,95 €
Verpackung als Geschenk: 2 € pro Artikel

Antwort: ______________________________

126 Nina singt im Kinderchor mit 16 anderen Kindern der Grundschule.

a Der Chor plant mit seiner Lehrerin einen Liederabend für die Eltern.

Sie stellen einen genauen Plan auf:
Begrüßung der Eltern: 3 min
Applaus nach jedem Lied: 1 min
Pause: 8 min

Wie viele Lieder kann der Kinderchor singen, wenn der Liederabend von 19 Uhr bis 20 Uhr dauern soll und jedes Lied 2 min dauert?

Antwort: ______________________________

b Der Kinderchor möchte für die Einnahmen des Liederabends neue Orff-Instrumente für 200 € kaufen. Zum Liederabend kommen 85 Erwachsene und 37 Geschwisterkinder.

Wie viel nimmt der Chor ein? Kann er sich die Instrumente kaufen?
Eintritt für Erwachsene je: 2,50 €
Kinder: Freier Eintritt

Antwort: ______________________________

Lernzielkontrollen – Tipps zum Üben

In diesem Teil finden Sie authentische Tests (Lernzielkontrollen) zum gesamten Stoff des Mathematik-Unterrichts des 3. Schuljahrs. Sie können damit überprüfen, wie sicher Ihr Kind die Inhalte beherrscht. Bei jedem Test unterstützen Sie Zeitangaben, Punkteverteilung und Notenschlüssel bei der realistischen Bewertung der Leistung Ihres Kindes. Zusätzlich erklären Ihnen die folgenden Tipps, wie Sie sinnvoll mit den Lernzielkontrollen umgehen.

Lernbereiche

- Die Lernzielkontrollen umfassen die von den Kultusministerien festgelegten Kompetenzbereiche Zahlen und Operationen, Raum und Form (Geometrie), Größen und Messen, Muster und Strukturen sowie Daten, Häufigkeiten und Wahrscheinlichkeiten.
- Bei jeder Lernzielkontrolle finden Sie oben einen Infokasten, in dem die Lernbereiche aufgelistet sind. Überprüfen Sie vor der Durchführung einer Lernzielkontrolle, ob Ihr Kind sich in der Schule bereits mit diesen Lernbereichen beschäftigt hat. So wird Ihr Kind nicht überfordert.

Schwierigkeitsgrad

- Die ersten beiden Lernzielkontrollen enthalten relativ leichte Aufgaben (Wiederholung des Stoffs der 2. Klasse und Rechnen bis 200) und können bereits am Anfang der 3. Klasse bearbeitet werden.
- Ab Lernzielkontrolle 3 wird das Kopfrechnen bis 1 000 geprüft.
- Ab Lernzielkontrolle 6 wird das schriftliche Addieren, ab Lernzielkontrolle 7 auch das schriftliche Subtrahieren abgefragt.
- Einfache Mal- und Geteiltaufgaben sind ab Lernzielkontrolle 3 enthalten, schwierigere kommen ab Lernzielkontrolle 9 dazu.
- Aufgaben zu Geometrie, Rechnen mit Größen und Sachaufgaben finden sich von Anfang an in den Lernzielkontrollen. Der Schwierigkeitsgrad dieser Aufgaben steigt nach und nach.

Bewertung

- In dem Infokasten auf jeder Lernzielkontrolle ist jeweils die Zeit angegeben, die Ihr Kind für die Bearbeitung ungefähr benötigen sollte.
- Am Ende jeder Lernzielkontrolle finden Sie einen Notenschlüssel.

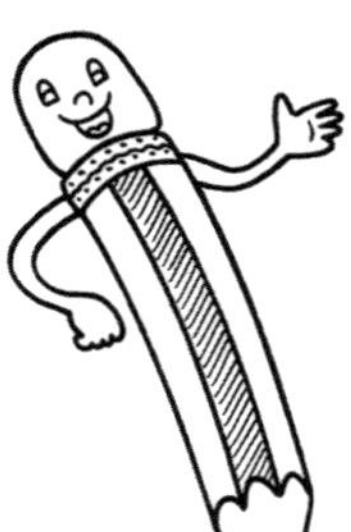

Lernzielkontrolle 1

Wiederholung des Stoffs der 2. Klasse:
Kopfrechnen im Zahlenraum bis 100 (addieren und subtrahieren); Ketten- und Platzhalteraufgaben sowie Zahlenrätsel lösen

Zeit: ca. 35 Minuten

1 Rechne und fülle die Lücken aus. /9

25 + 43 = __________ 99 – 27 = __________ 35 + __________ = 53

61 – 46 = __________ __________ + 42 = 80 65 – 22 = __________

79 – __________ = 42 35 + 27 = __________ __________ – 62 = 13

2 Rechne. /4

31 + 26 + 13 = __________ 41 – 22 + 12 = __________

64 – 7 – 18 = __________ 56 + 15 – 28 = __________

3 Löse die Rechenmauer und das Zauberdreieck. /6

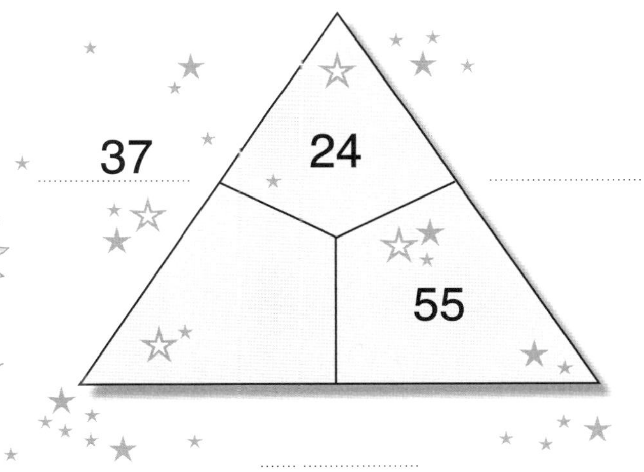

4 Löse folgende Zahlenrätsel.

a Meine Zahl ist um 18 kleiner als 57. /1

Rechnung: ____

Meine Zahl heißt: __________

b Wenn du von meiner Zahl 67 abziehst, erhältst du 33. /1

Rechnung: ____

Meine Zahl heißt: __________

c Wenn ich zu meiner Zahl 34 dazuzähle und dann 5 abziehe, erhalte ich 45. /2

Rechnung: ____

Meine Zahl heißt: __________

Notenschlüssel:

1	2	3	4	5	6
23–21	20,5–18	17,5–13,5	13–9	8,5–6	5,5–0

Ich habe __________ Minuten gebraucht.

Ich habe __________ Punkte erreicht.

Note: __________

Lernzielkontrolle 2

Zahlen und Operationen (bis 200): Kopfrechnen; Punkt vor Strich beachten; Platzhalteraufgaben, Sachaufgaben und Zahlenrätsel lösen; Streifenmodell als Lösungshilfe anwenden; Zahlenknobeleien vervollständigen

Zeit: ca. 45 Minuten

1 Rechne. /6

183 + 15 = ______	64 + 27 = ______	72 – ______ = 29
29 + 36 = ______	136 – 16 = ______	______ + 33 = 181
172 – 54 = ______	53 + ______ = 64	______ – 64 = 16
86 – 68 = ______	105 – ______ = 98	19 + ______ = 56

2 Rechne und fülle die Lücken. /4

______ · 8 = 48	5 · ______ = 45	7 · 4 + 9 = ______
9 · 2 = ______	28 : ______ = 7	40 : 8 + ______ = 71
______ : 4 = 6	72 : 8 = ______	

3 Der erste Rechenturm ist vorgegeben.
Rechne genauso und fülle die restlichen Rechentürme aus. /6

78			60	
48			34	25
30				25
18	8	10		
12	6	4		

4 Löse folgende Zahlenrätsel.

a Wenn du zu meiner Zahl 34 dazuzählst, erhältst du 101.
Wie heißt meine Zahl? /2

Rechnung: ______________________________

Antwort: ______________________________

b Wenn ich von meiner Zahl 37 abziehe, erhalte ich 59. Wie heißt meine Zahl?
Nutze für deine Rechnung die angegebene Lösungshilfe. /3

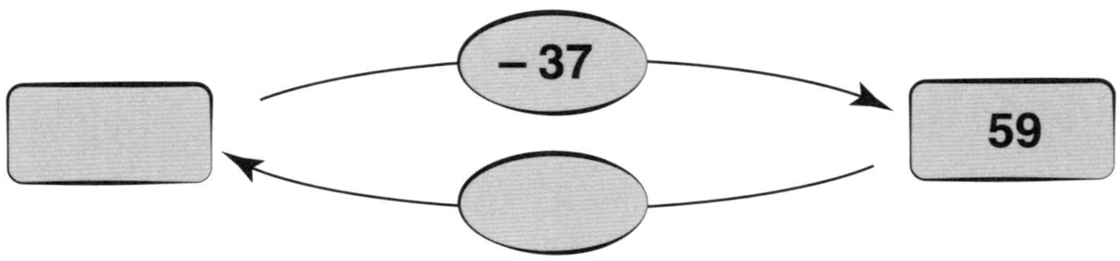

Antwort: ______________________________

5 Löse folgende Sachaufgaben.

a In der Klasse 3a und 3b sind zusammen 53 Kinder.
26 Kinder davon gehen in die Klasse 3a. /4

Frage: ______________________________

Rechnung:

Antwort: ______________________________

b Leon sägt von einem 1 m langen Stab 42 cm ab.
Julia sägt noch einmal 34 cm ab.
Nutze zur Lösung auch das Streifenmodell. /5

Frage: ______________________________

Streifen-modell:

Rechnung:

Antwort: ______________________________

c Franz lädt seine zwei Freunde ins Puppentheater ein. Eine Eintrittskarte kostet 4 €, außerdem bekommt jeder eine Tüte Popcorn für 2 €. Die Mutter hat Franz einen 20-€-Schein gegeben. Den Rest darf Franz in seine Spardose werfen. /6

Frage: ______________________________

____

Rechnung:

Antwort: ______________________________

____

Notenschlüssel:

1	2	3	4	5	6
36–33	32,5–28	27,5–21	20,5–14,5	14–9	8,5–0

Ich habe __________ Minuten gebraucht.

Ich habe __________ Punkte erreicht.

Note: __________

Lernzielkontrolle 3

Zahlen und Operationen (bis 1 000):
Einmaleins- und Umkehraufgaben lösen; Punkt vor Strich beachten; teilen mit Rest; Teiler einer Zahl erkennen; Zahlenrätsel lösen

Zeit: max. 35 Minuten

1 Fülle die Tabellen aus. /16

·	6	7	3	9
5				
10				
8				
4				

·		6	9	
7	56			
4				
		30		
8				32

2 Welche Zahlen haben den Teiler 4?
Kreise sie ein. /3

14 16 24 30 34 36 38

3 Teile mit Rest. /3

20 : 6 = ______ 35 : 8 = ______ 80 : 9 = ______

17 : 5 = ______ 27 : 4 = ______ 47 : 7 = ______

4 Rechne aus. /3

2 · 8 + 25 = ______ 4 · 7 + 37 = ______ 8 · 6 – 4 = ______

7 · 8 + 2 = ______ 3 · 3 – 9 = ______ 7 · 8 – 37 = ______

5 Wie heißt meine Zahl?

a Das Vierfache meiner Zahl ist 32. /1

Rechnung: ______________________________

Meine Zahl heißt: __________

b Wenn ich meine Zahl mit 9 malnehme, erhalte ich 63. /1

Rechnung: ______________________________

Meine Zahl heißt: __________

c Wenn du von meiner Zahl den 5. Teil von 30 abziehst, erhältst du 94. /2

Rechnung: ______________________________

Meine Zahl heißt: __________

Notenschlüssel:

1	2	3	4	5	6
29–27	26–22	21–17	16–12	11–5	4–0

Ich habe ________ Minuten gebraucht.

Ich habe ________ Punkte erreicht.

Note: ________

Lernzielkontrolle 4

Raum und Form/Geometrie: *(Bitte Zahnstocher und Knetgummi bereitlegen!)*
Eigenschaften von Körpern beurteilen; Körperformen erkennen; Würfel bauen; Würfel-Kantenmodell bearbeiten; Würfelnetze bearbeiten, ergänzen und zeichnen

Zeit: ca. 45 Minuten

1 Welche Körperformen haben diese Gegenstände? /4

   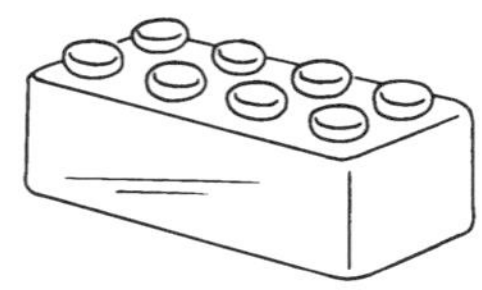

______________ ______________ ______________ ______________

2 Entscheide, ob die folgenden Aussagen wahr (w) oder falsch (f) sind. /7

Kreuze an.

Aussage	w	f
Ein Würfel hat 10 Ecken.	☐	☐
Eine Kugel hat keine Kanten und keine Ecken.	☐	☐
Ein Würfel hat 8 Flächen.	☐	☐
Ein Kegel hat eine Kante.	☐	☐
Ein Quader hat 8 Ecken und 16 Kanten.	☐	☐
Ein Würfel hat 12 Kanten und 8 Ecken.	☐	☐
Eine Pyramide hat 5 Ecken.	☐	☐
Ein Kegel hat keine Ecken.	☐	☐
Ein Zylinder hat keine Kanten.	☐	☐
Ein Zylinder wird nur aus zwei Kreisen gebildet.	☐	☐
Eine Pyramide wird aus vier Dreiecken gebildet.	☐	☐

Aussage	w	f
Ein Quadrat hat genau zwei rechte Winkel.	☐	☐
Ein Rechteck hat vier rechte Winkel.	☐	☐
Ein Kreis hat keinen rechten Winkel.	☐	☐

3 Begründe jeweils, warum du mit dem Baukasten **kein** Kantenmodell eines Würfels bauen kannst. (= Kante, = Ecke) /3

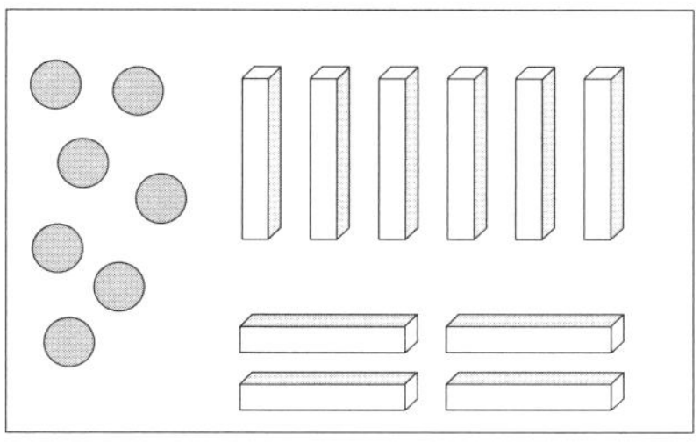

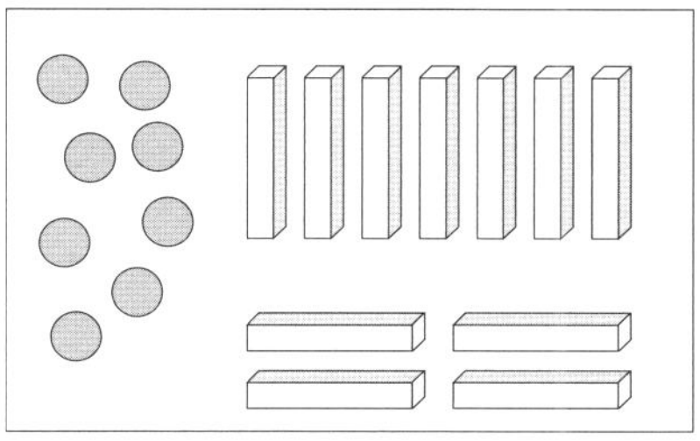

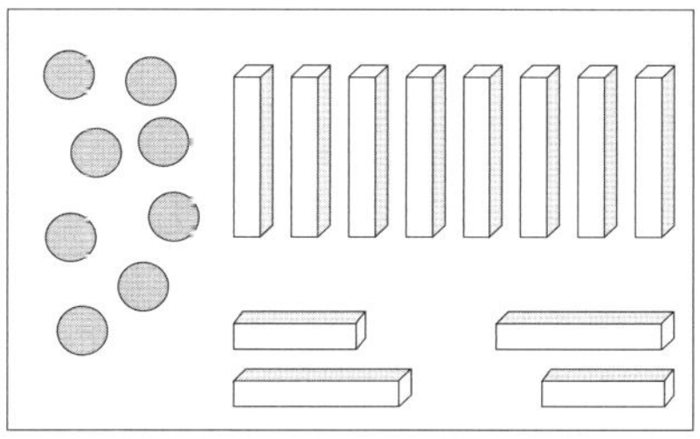

______________________ ______________________ ______________________

______________________ ______________________ ______________________

______________________ ______________________ ______________________

4 Baue nun selbst einen Würfel. /3
Nutze Zahnstocher für die Kanten und Kugeln aus Knete für die Ecken.
Überlege genau, wie viele Zahnstocher (Kanten) und Kugeln (Ecken) du brauchst.

Ich brauche ______ Zahnstocher und ______ Knetkugeln.

5 Male gegenüberliegende Flächen der Würfelnetze mit gleicher Farbe an. /3

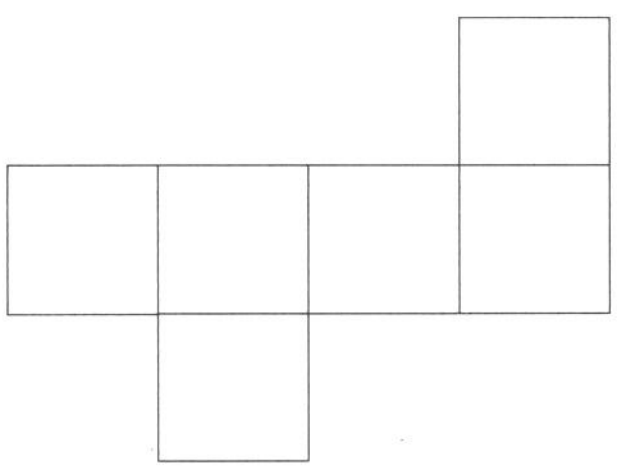

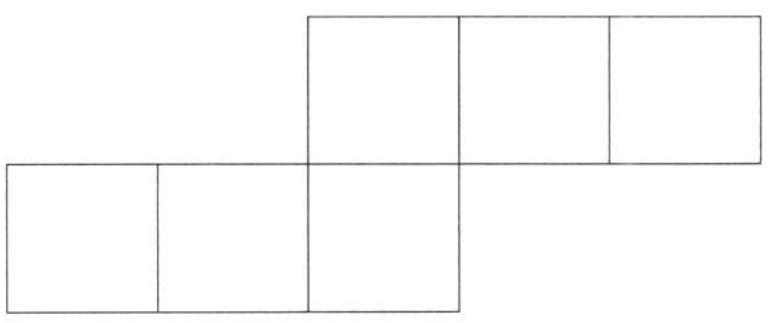

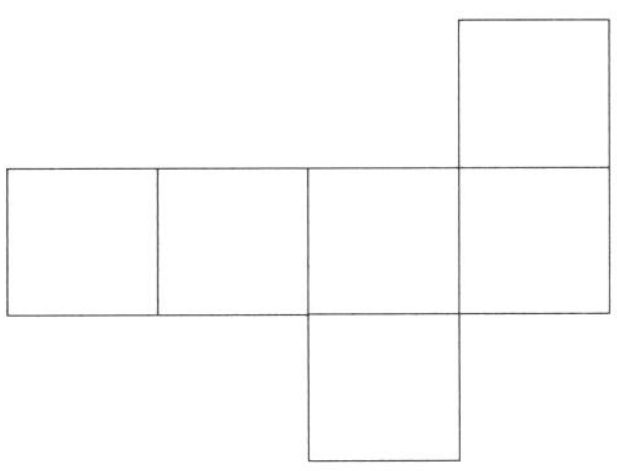

6 Falte in Gedanken einen Würfel: Die graue Fläche liegt unten (u).
Welche Flächen sind oben (o), rechts (r), links (l), vorne (v), hinten (h)? Trage ein. /3

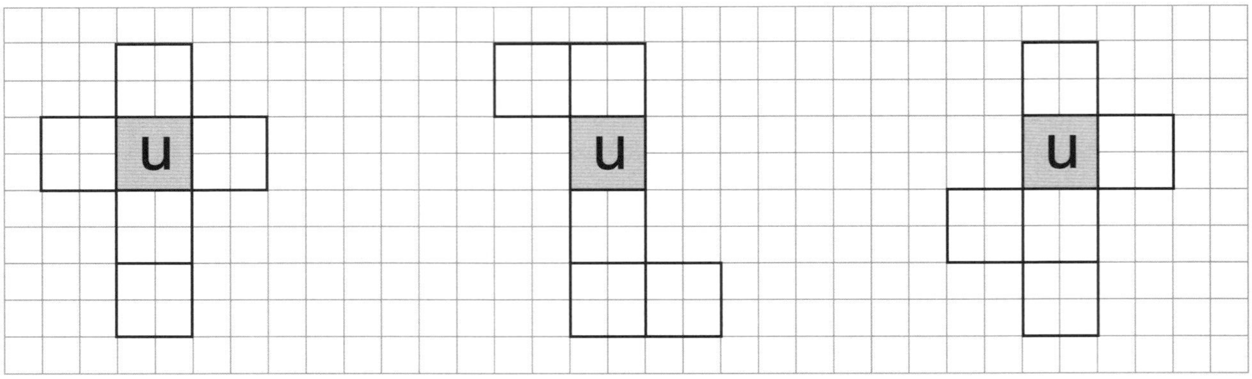

7 Zeichne zu diesem Würfel das Würfelnetz auf einen Block.
Schneide das Würfelnetz aus und klebe es unten in den Kasten.

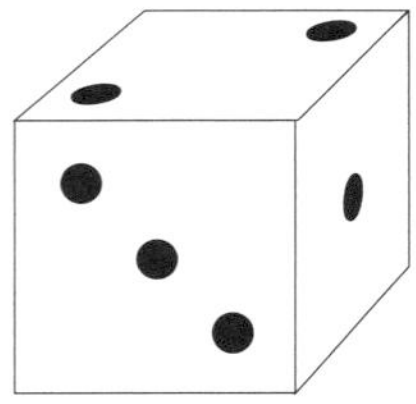

Klebe hier dein Würfelnetz auf: /4

8 Ergänze jede Figur so, dass ein Würfelnetz entsteht. /3

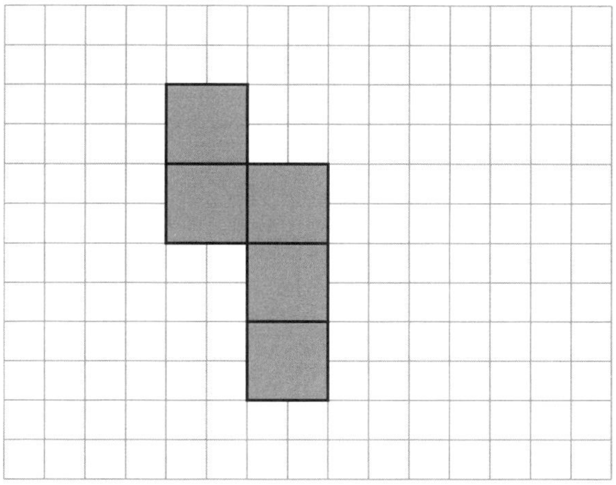

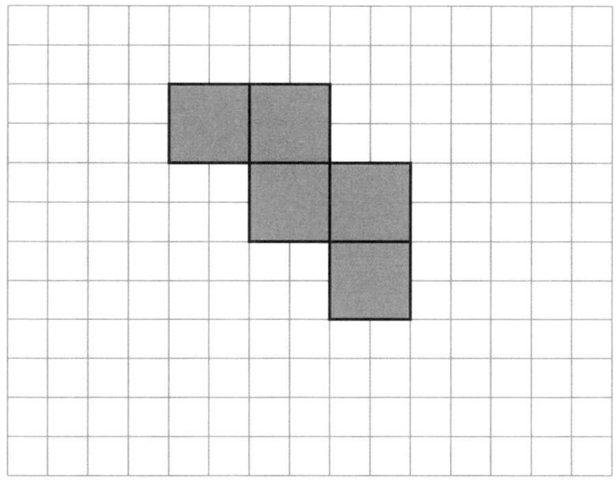

9 Die Maus möchte den Käse fressen.
Gib zwei Wege an, auf denen die Maus in keine Mausefalle ⬡ gerät. /2

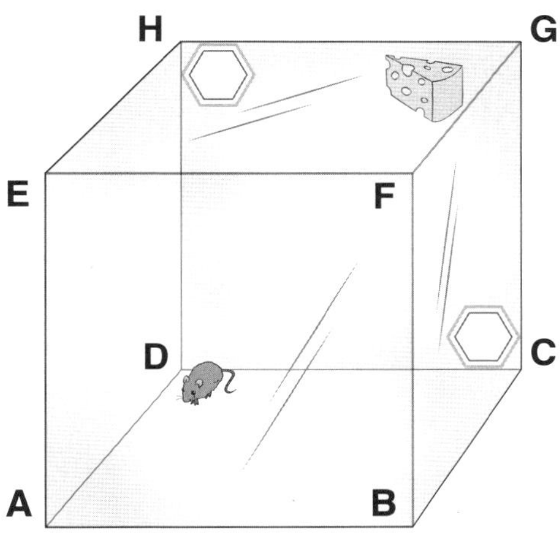

1. Weg: ______________________________

2. Weg: ______________________________

Notenschlüssel:

1	2	3	4	5	6
32–30	29–25	24–20	19–15	14–8	7–0

Ich habe ________ Minuten gebraucht.

Ich habe ________ Punkte erreicht.

Note: ________

Lernzielkontrolle 5

Zahlen und Operationen: am Zahlenstrahl orientieren; Nachbarzahlen bestimmen; addieren und subtrahieren; symbolisch dargestellte Zahlen erkennen; **Größen und Messen:** Gewichte ergänzen, umwandeln und zuordnen; Sachaufgaben mit Gewichten und Geld lösen

Zeit: 50–55 Minuten

1 Geheimschrift! Welche Zahlen sind dargestellt? /2

○ ○ ○ ○ ‖ ••• → ______________

○ ○ •• → ______________

2 Wie heißen die Zahlen? Trage ein.

a /2

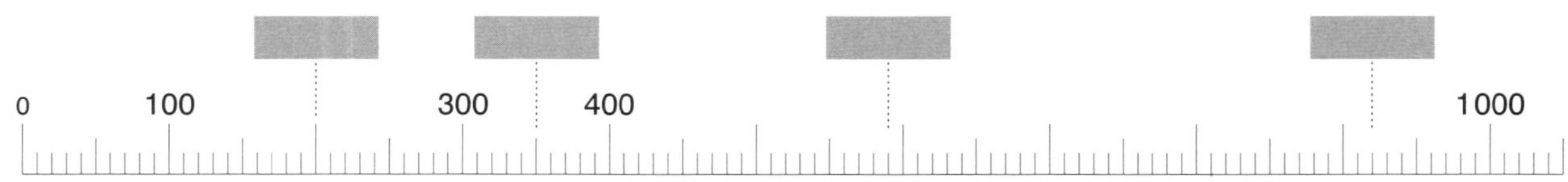

b /2

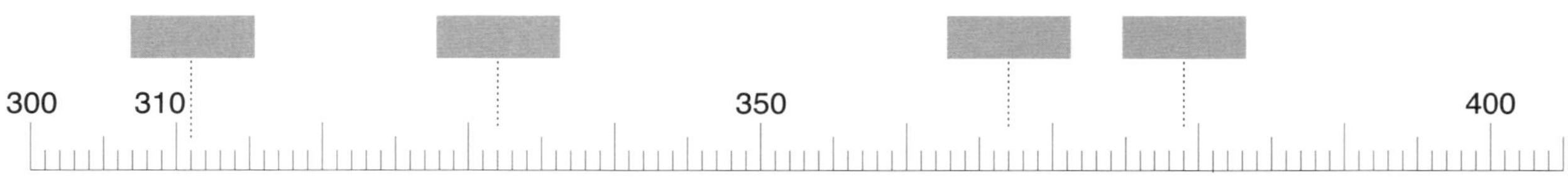

3 Ordne die Zahlen nach ihrer Größe. Beginne mit der größten Zahl. /1

720	998	758	287	249	278	728	282

____

4 Ergänze die Zahlenfolgen. /3

710	660						
302	315						
						765	778

5 Ergänze die Tabelle. /3

Nachbar-hunderter	Nachbar-zehner	Nachbar-einer	**Zahl**	Nachbar-einer	Nachbar-zehner	Nachbar-hunderter
			537			
			900			
				290		

6 Rechne und schreibe hinter jedes Ergebnis die Quersumme. /6

297 + 6 = ______ (___) 405 – 8 = ______ (___)

370 + 320 = ______ (___) 960 – 550 = ______ (___)

600 + 271 = ______ (___) 700 – 588 = ______ (___)

Tipp!
Eine Quersumme erhältst du, wenn du alle Ziffern einer Zahl addierst (+).

7 Zwei Gewichte ergeben immer 1 kg. Setze richtig zusammen. /6

250 g   128 g   175 g   872 g   75 g

~~620 g~~   925 g   750 g   615 g   ~~380 g~~

525 g   475 g   825 g   385 g

380 g + 620 g = 1 kg

____

8 Wandle um …

a … in kg und g. /2

3 438 g = ____ kg ______ g

3 004 g = ____ kg ______ g

b … in g. /1

1 kg 203 g = ______ g

5 kg 10 g = ______ g

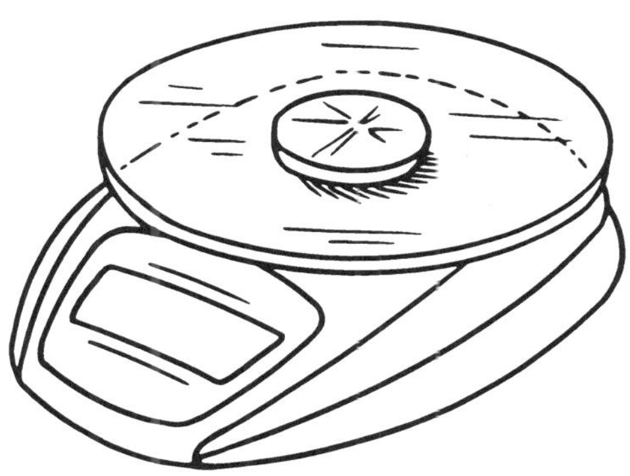

9 Schau dir die Bilder genau an und fülle die Lücken aus. /3

Gewicht: ______ kg	Gewicht: ______ g	Gewicht: ______ kg
Preis: ______ €	Preis: ______ €	Preis: ______ €

10 Löse folgende Sachaufgaben.
Betrachte dazu noch einmal die große Abbildung auf Seite 84.

a Marie kauft 500 g Paprika, 200 g Tomaten und 1 kg Kartoffeln.
Sie bezahlt mit einem 10-€-Schein. /3

Frage: ______________________

Rechnung:

Antwort: ______________________

b Lukas kauft 500 g Paprika, 250 g Champignons, 200 g Tomaten, 1 kg Kartoffeln und 1 kg Karotten. Seinen Einkaufskorb darf er nur mit 3 kg beladen. /5

Frage: ______________________

____

Rechnung:

Antwort: ______________________

____

Notenschlüssel:

1	2	3	4	5	6
39–36	35–30	29–24	23–18	17–9	8–0

Ich habe ________ Minuten gebraucht.

Ich habe ________ Punkte erreicht.

Note: ________

Lernzielkontrolle 6

Zahlen und Operationen: Platzhalteraufgaben und Zahlenrätsel lösen; schriftlich addieren;
Größen und Messen: Bild- und Sachaufgaben mit Längen und Geld lösen;
Längen umwandeln

Zeit: 50–55 Minuten

1 Addiere. /4

	3	8	2
+	4	6	5

	4	0	6
+	2	9	6

	6	3	8
+	2	8	7

	3	8	8
+	4	9	7

2 Nun addiere jeweils drei Zahlen. /4

	5	6	7
	2	8	8
+		9	0

	6	6	7
	1	8	3
+		8	0

	2	5	6
	2	0	6
+	1	8	4

	3	3	5
	2	9	8
+	2	7	6

3 Ergänze die Lücken. /4,5

	_	6	_
+	3	_	9
	7	9	3

	2	1	_
+	_	_	5
	4	1	3

	_	4	9
+	3	_	_
	8	5	2

4 Ergänze die Zahlenmauer. /3

	_	
_		_
182	264	112

5 Schreibe untereinander und rechne schriftlich. /2

83 + 623

285 + 7 + 81

6 Zahlenrätsel:
Zähle zu 197 das Doppelte von 214 dazu, dann erhältst du die gesuchte Zahl. /2

Rechnung:

Antwort: ______________________________

7 Welche der drei Geschichten passt zu welcher Zeichnung?
Verbinde. /3

Christina ist 1,27 m groß. Sie ist 34 cm größer als ihr Bruder Max.	Tatjana und ihre Puppe sind zusammen so groß wie Mama. Tatjana ist 1,28 m, die Puppe ist 44 cm groß.	Tina und ihre Schwester sind zusammen so groß wie ihr Vater. Tina ist 1,10 m und ihr Vater ist 1,87 m groß.

8 Ergänze die Tabelle. /4

cm	m und cm	mit Komma
809 cm	______	______
148 cm	______	______
______	3 m 78 cm	______
______	______	0,73 m

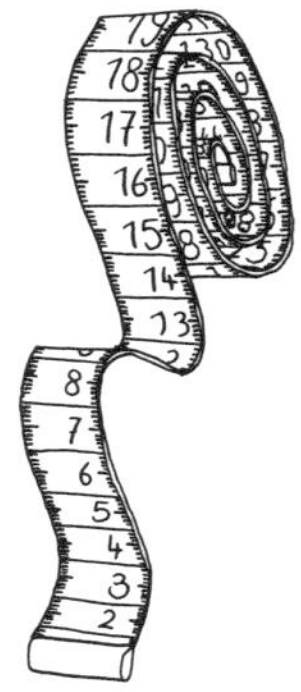

9 Wie viele Millimeter sind es? /3

6 cm = ______ mm   7 cm = ______ mm   9 cm = ______ mm

15 cm = ______ mm   24 cm = ______ mm   40 cm = ______ mm

10 Welche Längenmaße passen? /2

a Papa fährt zur Arbeit 23 ______.

b Jens geht 800 ______ zur Schule.

c Tina ist 145 ______ groß.

d Eine Fliege ist 17 ______ lang.

11 Sieh dir das Schaubild genau an und beantworte folgende Fragen.

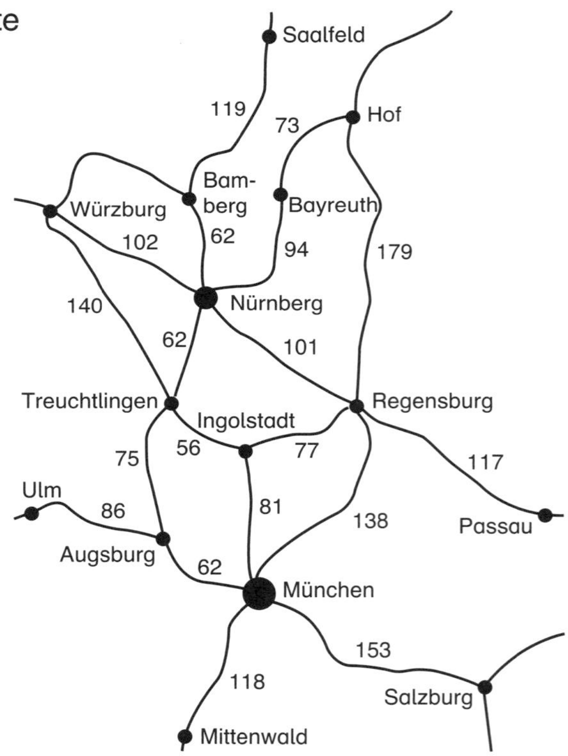

a Wie weit ist es von München über Ingolstadt nach Treuchtlingen?

Rechnung:

Antwort: Es sind ______ km. /1,5

b Wie weit ist es von Mittenwald über München und Augsburg nach Ulm?

Rechnung:

Antwort: Es sind ______ km. /1,5

c Welcher Weg ist der kürzeste zwischen Augsburg und Regensburg, der nicht über Ingolstadt führt? Zeichne die Strecke grün nach. /1,5

12 Der Lokführer Herr Wagner fährt von Ingolstadt über Treuchtlingen nach Würzburg und über Nürnberg und Regensburg zurück nach Ingolstadt. (Betrachte dafür noch einmal das Schaubild auf Seite 88.)
Bei der Abfahrt zeigt der Kilometerzähler 000248.

a Was zeigt der Kilometerzähler in Würzburg? /3

Rechnung:

Antwort: ____________________

b Was zeigt der Kilometerzähler bei der Ankunft in Ingolstadt? /3

Rechnung:

Antwort: ____________________

13 Britta und ihre Freundin Maria fahren mit dem Zug von Ingolstadt nach München.
Die Hinfahrt kostet pro Person 12,60 €, die Rückfahrt kostet für beide zusammen 23,50 €. /4

Frage: ____________________

Rechnung:

Antwort: ____________________

Notenschlüssel:

1	2	3	4	5	6
46–43	42,5–36	35,5–28	27,5–19,5	19–10	9,5–0

Ich habe ________ Minuten gebraucht.

Ich habe ________ Punkte erreicht.

Note: ________

Lernzielkontrolle 7

Zahlen und Operationen: Platzhalteraufgaben lösen; schriftlich subtrahieren; Überschlag berechnen;
Daten und Häufigkeit: Diagramm auswerten und ergänzen

Zeit: 45–50 Minuten

1 Subtrahiere. /4

789	982	734	826
− 426	− 614	− 482	− 467

2 Schreibe untereinander und rechne. /4

651 – 167   608 – 459   901 – 405   913 – 36

3 Ergänze die Lücken. /7

6 4 _	7 5 _	_ 2 5	8 _ 6	_ _ 5
− 4 _ 3	− _ _ 7	− 2 _ _	− _ 2 _	− 1 9 _
2 3 5	6 2 7	5 4 2	4 8 0	2 1 9

4 Schreibe untereinander und rechne. /3

85,44 € – 32,46 €   123,24 € – 5,87 €

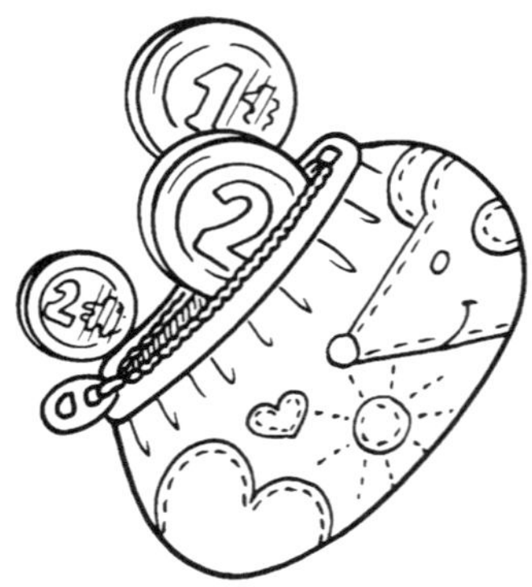

5 Du hast sechs verschiedene Ziffernkärtchen. Bilde mit ihnen zwei dreistellige Zahlen und ziehe sie voneinander ab. Das Ergebnis soll zwischen 200 und 300 liegen. Schreibe **drei** passende Aufgaben auf. /3

2 3 4 6 7 8

6 Tobias hat von seinem Opa 4 € bekommen.
Er kauft sich eine Packung Kekse für 2,28 €. /3

Frage: ______________________

Rechnung:

Antwort: ______________________

7 Bei einer Umfrage an einer Münchner Grundschule mit 360 Kindern über ihre Lieblingsbeschäftigung in der Freizeit entstand folgendes Schaubild:

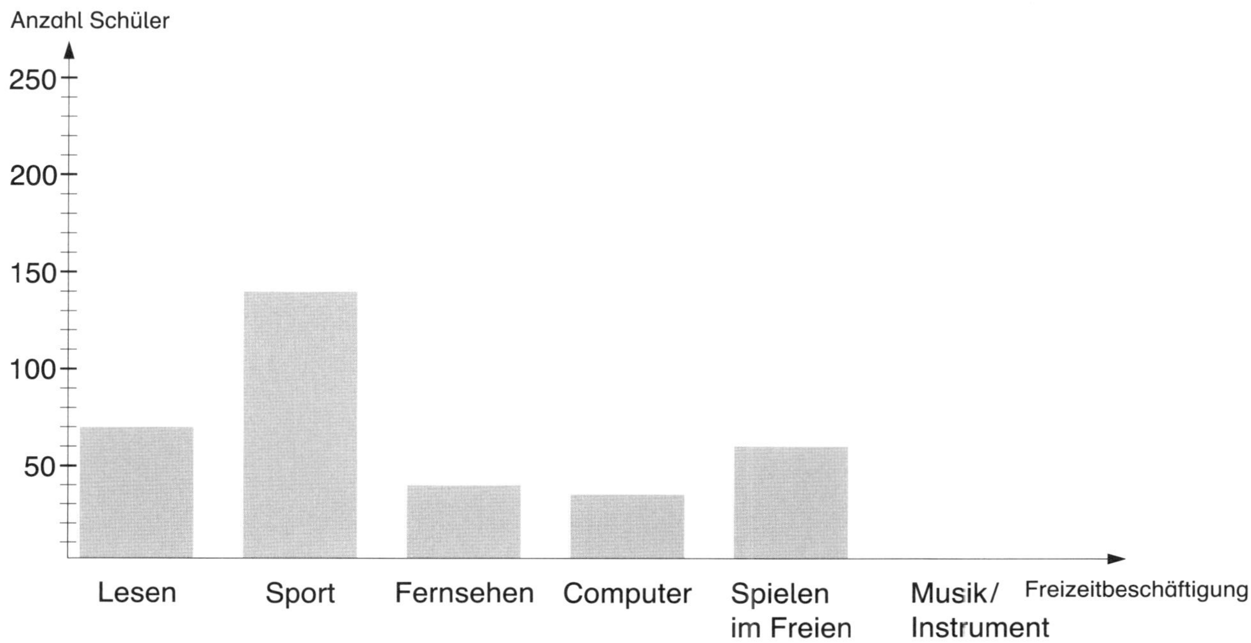

a Wie viele Kinder haben die einzelnen Freizeitbeschäftigungen angegeben?
Trage richtig in die Tabelle ein. /5

Freizeit-beschäftigung	Lesen	Sport	Fernsehen	Computer	Spielen im Freien
Schüleranzahl	____	____	____	____	____

b Stimmt das?
Kreuze die richtige Antwort an. /4

Aussage	richtig	falsch
Es gibt mehr Kinder, die lesen, als Kinder, die fernsehen.	☐	☐
Es gibt weniger Kinder, die sich in ihrer Freizeit bewegen (Sport und Spielen), als Kinder, die lesen, fernsehen oder Computer spielen.	☐	☐
Die Zahl der Kinder, die Computer spielen, ist genau halb so groß wie die Zahl der Kinder, die lesen.	☐	☐
Weniger als die Hälfte aller Kinder gibt Sport als Freizeit-beschäftigung an.	☐	☐

c Weiterhin haben 15 Kinder das Spielen eines Instruments bzw. Musik als Freizeit-beschäftigung angegeben.
Zeichne dazu den Balken richtig und ordentlich in das Diagramm ein. /2

Notenschlüssel:

1	2	3	4	5	6
35–33	32–28	27–22	21–16	15–8	7–0

Ich habe ________ Minuten gebraucht.

Ich habe ________ Punkte erreicht.

Note: ________

Lernzielkontrolle 8

Raum und Form/Geometrie: Achsensymmetrie erkennen und erklären; Fehler in einem Spiegelbild finden; Figuren zeichnen und spiegeln; Symmetrieachsen einzeichnen und erkennen; symmetrische Figuren ergänzen

Zeit: ca. 45 Minuten

1 Wann ist eine Figur symmetrisch? /2

____

____

2 Welche Figur besitzt keine Symmetrieachse? Kreuze an. /1

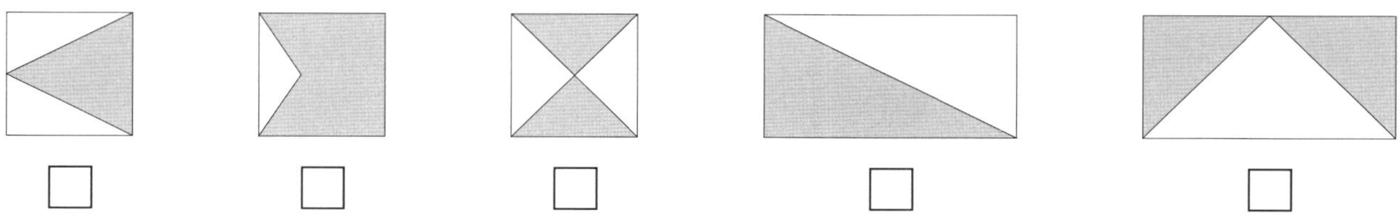

3 Haben diese Wörter eine Symmetrieachse? Zeichne sie ein. /4

OTTO UHU ANNA EICHE

4 Erkennst du alle Symmetrieachsen? Zeichne sie ein. /7

5 Nicht alle Linien sind Symmetrieachsen. Zeichne die Symmetrieachsen grün nach. /5

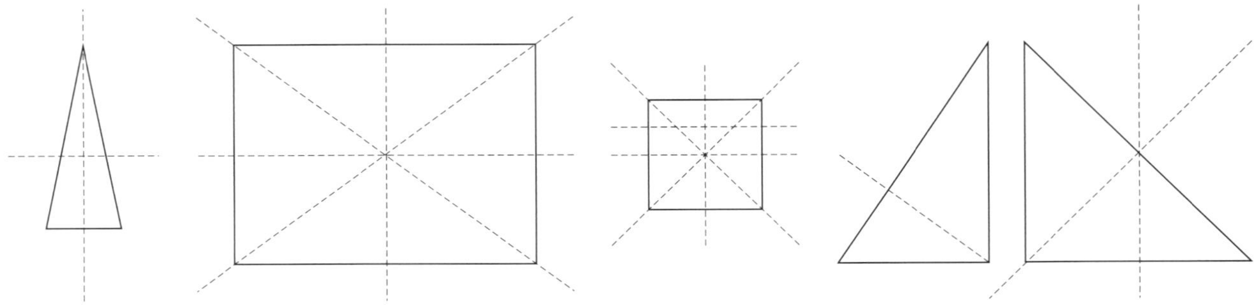

6 Ergänze zu symmetrischen Figuren.

a

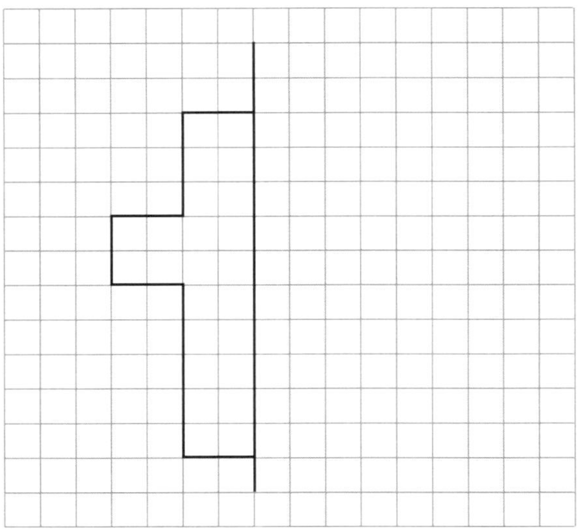

b /2

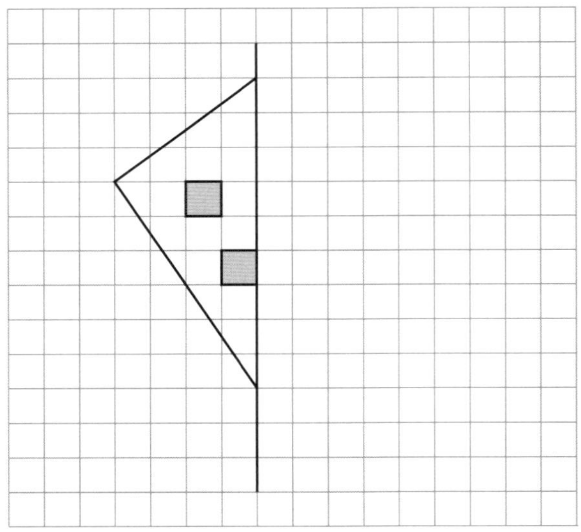

c

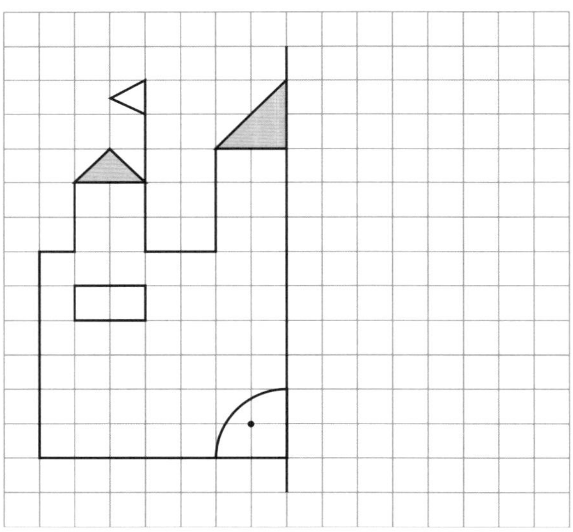

d /4

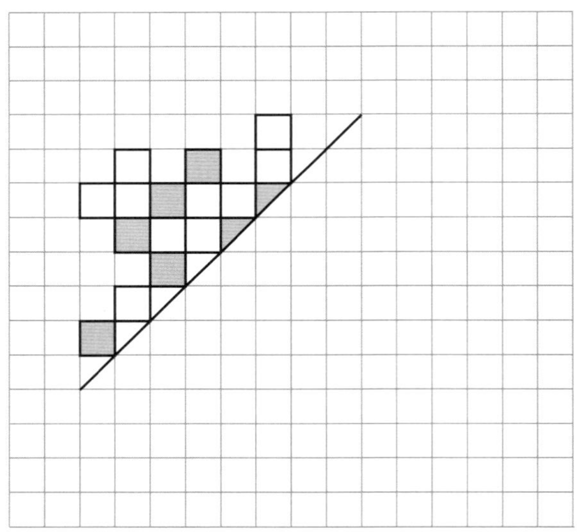

7 Zeichne …

a … ein Quadrat, dessen Seiten je 8 Kästchen lang sind.
Zeichne mit Grün alle Symmetrieachsen ein. /2

b … von links nach rechts eine Linie, die 10 Kästchen lang ist. Zeichne vom Ende der Linie 6 Kästchen nach unten und dann 10 Kästchen nach links. Zeichne nun eine Linie zurück zum Anfang. Zeichne in diese Figur mit Grün alle Symmetrieachsen ein. /2

c … eine Figur, die mindestens 5 Ecken hat. Zeichne drei Kästchen rechts daneben eine Spiegelachse von oben nach unten. Spiegle deine Figur an dieser Achse. /3

8 Findest du die 6 Fehler im Spiegelbild?
Kreise sie ein. /3

Notenschlüssel:

1	2	3	4	5	6
35–33	32–28	27–22	21–16	15–8	7–0

Ich habe _________ Minuten gebraucht.

Ich habe _________ Punkte erreicht.

Note: _________

Lernzielkontrolle 9

Zahlen und Operationen:
Einmaleins-, Umkehr- und Platzhalteraufgaben lösen; Punkt vor Strich beachten; Sachaufgaben mit Geld lösen; Tripels (Dreierketten) als Lösungshilfe anwenden

Zeit: 45–50 Minuten

1 Rechne. /4

·	90	40
5		
6		

·	8	6
70		
30		

2 Rechne und fülle die Lücken aus. /4

360 = ____ · 40

280 : 40 = ____

____ : 70 = 9

480 = 80 · ____

360 : ____ = 60

____ : 8 = 60

3 · ____ = 270

420 : 7 = ____

3 Setze die richtige Zahl ein. /4

6 · 50 – 40 = ________

____

7 · 40 – 88 = ________

____

370 = ____ · 50 + ____

____

400 = ____ · 70 + ____

____

4 Fülle die Preistabelle aus. Eine Waffel kostet 40 Cent. /4

Stück	Preis
4	
7	
	2,40 €
	3,20 €

5 Sabine kauft 8 Bleistifte zu je 40 Cent. Wie viel muss sie bezahlen?
Schreibe eine Dreierkette (ein Tripel).
Dann rechne und antworte. /3

Rechnung:

Antwort: ____________________

6 Ursula kauft Karotten für 70 Cent pro kg. Sie bezahlt 2,10 €.
Finde die Rechenfrage. Schreibe eine Dreierkette (ein Tripel).
Dann rechne und antworte. /3,5

Frage: ____________________

Rechnung:

Antwort: ____________________

7 Martin möchte am Samstag grillen. Deshalb kauft er im Supermarkt Grillfleisch für 14,90 €, eine Packung Butter für 79 Cent, 3 Gurken zu je 60 Cent, 2 Packungen Tomaten zu je 1,49 € und 3 Stangen Baguette zu je 0,90 € ein.
Er zahlt mit einem 50-€-Schein. /5

Frage: ____________________

Rechnung:

Antwort: ____________________

8 Bei der Nachmittagsvorstellung nimmt der Zirkus 880 € ein. Es wurden insgesamt 160 Karten verkauft. Die Hälfte davon waren Kinderkarten, die je 4 € kosten. Der Rest der Karten wurde an Erwachsene verkauft. Wie viel kostet die Erwachsenenkarte? /4,5

Rechnung:

Antwort: ______________________________

Notenschlüssel:

1	2	3	4	5	6
32–30	29,5–25	24,5–20	19,5–14,5	14–8	7,5–0

Ich habe ________ Minuten gebraucht.

Ich habe ________ Punkte erreicht.

Note: ________

Lernzielkontrolle 10

Größen und Messen: Sachaufgaben mit Zeiten lösen; Zeiten ablesen, ergänzen, umwandeln und vergleichen; Zeitspannen bestimmen; **Häufigkeit und Wahrscheinlichkeit:** Kombinationsmöglichkeiten ermitteln; Würfelaufgaben lösen

Zeit: 45–50 Minuten

1 Wandle um. /4,5

75 s = ____ min ____ s 3 min = ____ s 75 min = ____ h ____ min

87 s = ____ min ____ s 1 min 40 s = ____ s $\frac{1}{2}$ h = ____ min

215 s = ____ min ____ s 2 min 10 s = ____ s 1 h 9 min = ____ min

2 Vergleiche und setze ein: >, < oder = /4

57 s ◯ 60 s 10 s ◯ 1 min 60 s ◯ 1 min 2 min 55 s ◯ 2 min 39 s

70 s ◯ 1 min 100 s ◯ 1 min 1 min ◯ 61 s 5 min ◯ 5 min 15 s

3 Wie viele Sekunden fehlen bis zur vollen Minute? /2

54 s + ____ s = 1 min 28 s + ____ s = 1 min

9 s + ____ s = 1 min 36 s + ____ s = 1 min

4 Wie viel Zeit ist vergangen? /2

a

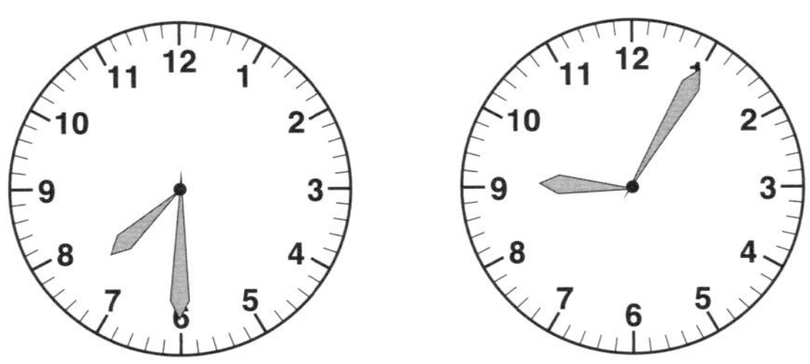

b

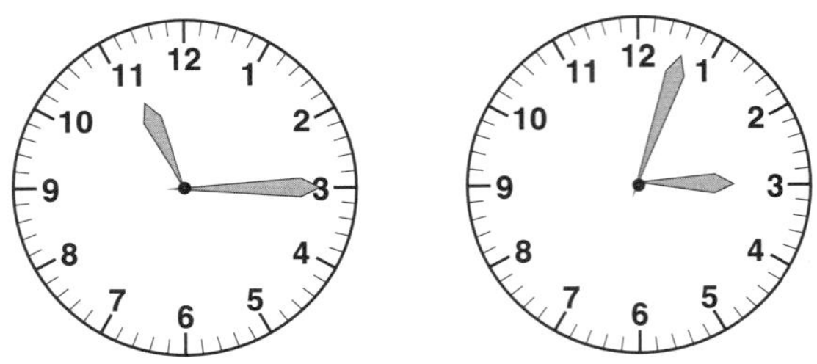

________________________ ________________________

________________________ ________________________

5 Frau Schmidt fliegt von München nach Florenz.
Der Abflug ist um 11.45 Uhr, die Ankunft um 13.20 Uhr.
Wie lang ist Frau Schmidt mit dem Flugzeug unterwegs? /3

11.45 Uhr ___ h → [___ Uhr] ___ min → 13.20 Uhr

Antwort: ______________________________

6 Tom sitzt 17 min lang vor dem Computer, dann sitzt seine Schwester 12 min davor.
Um 14.15 Uhr machen sie den Computer aus. /3

Frage: ______________________________

Rechnung:

Antwort: ______________________________

7 Julia steht vor ihrem Kleiderschrank. Sie überlegt, was sie heute anziehen soll.

Ein rotes oder gelbes T-Shirt?
Eine Jeans oder einen Rock?
Turnschuhe oder Stiefel?

Wie viele Möglichkeiten hat Julia, sich anzuziehen?
Male oder schreibe auf. /4,5

Julia hat ________ Möglichkeiten, sich anzuziehen.

8 Die drei Räuber Sebi, Sabi und Sobi wollen wieder einmal versuchen, einen Tresor zu knacken. Der Zahlencode vom Tresor hat 3 Ziffern, die von 1–3 eingestellt werden können. Die erste Ziffer ist die 3, jede Ziffer kann mehrmals vorkommen.

a Welche und wie viele Möglichkeiten müssen die drei Räuber maximal ausprobieren, um den richtigen Code zu finden? /5

Die Räuber müssen maximal ________ Möglichkeiten ausprobieren.

b Welche und wie viele Möglichkeiten gibt es, wenn die erste Ziffer eine 3 ist und nur ungerade Zahlen eingestellt werden können? /2,5

Dann gibt es ________ Möglichkeiten.

9 Tim und Max würfeln mit 2 Spielwürfeln. Max wettet mit seinem Freund Tim, dass er schneller die Augensumme 6 würfelt, als Tim die Augensumme 10. Sie würfeln die Spielwürfel nacheinander.

a Welche und wie viele Möglichkeiten gibt es für die beiden, entsprechende Augensummen zu würfeln? Schreibe sie auf. /4,5

b Wer wird die Wette wahrscheinlich gewinnen? Begründe. /2

____

____

____

Notenschlüssel:

1	2	3	4	5	6
37–35	34,5–29	28,5–23	22,5–17,5	16–8	7,5–0

Ich habe ________ Minuten gebraucht.

Ich habe ________ Punkte erreicht.

Note: ________